Aircraft
Structure and Cabin Safety

항공기 구조 및 객실 안전 이해

최현식 저

백산출판사

Preface

저자는 승무원을 양성하기 위한 안전 관련 교재가 많지 않다는 사실을 늘 안타깝게 생각하고 있었습니다.

또한 항공사에 입사해도 안전훈련 과목이 쉽지 않기에 탈락하는 교육생도 종종 보았습니다.

기내에서 비정상적인 상황에 대비하기 위해서는 평소 반복 숙달이 필요한 것이 안전교육 훈련입니다.

그러나 다양한 irr. 상황에 맞는 절차를 실행한다는 것은 쉽지 않기에 항공사마다 많은 시간을 내어 승무원을 훈련시키는 것입니다.

이러한 안전교육이 대학교에서 충분히 시행된다면 항공사도 도움이 될 것이라 확신합니다.

승무원은 기본적으로 항공기가 뜨고 내리는 기본적인 비행원리의 이해와 기내 안전에 필요한 시설 및 장비의 사용법에 숙달해야 합니다.

적어도 승객의 안전을 최우선시하는 승무원들은 이 책에 나와 있는 모든 지식을 이해해야 합니다.

안전교육은 서비스 교육과 달리 많은 분량의 암기와 어려운 실습과목이 있으므로 이를 이해하기 쉽게 풀이해 놓은 교재로 공부해야 합니다. 본 교재는 그러한 목적으로 작성하였기에 자신하며 여러분에게 일독을 권합니다.

그동안 수차례 개정 의지는 있었으나 바쁘다는 핑계로 차일피일 미루어 오던 것을 이제 재출간하게 되어 기쁩니다.

늘 곁에서 아낌없는 조언과 격려를 해주신 주위 많은 분께도 고마운 마음을 전합니다.

함께 근무하며 관심을 가져주신 신경철 님, 김근영 님, 박주영 님, 그리고 원경식 교수님, 김선희 교수님, 이민순 교수님, 이소진 교수님께도 감사드립니다.

2018년 겨울

저자

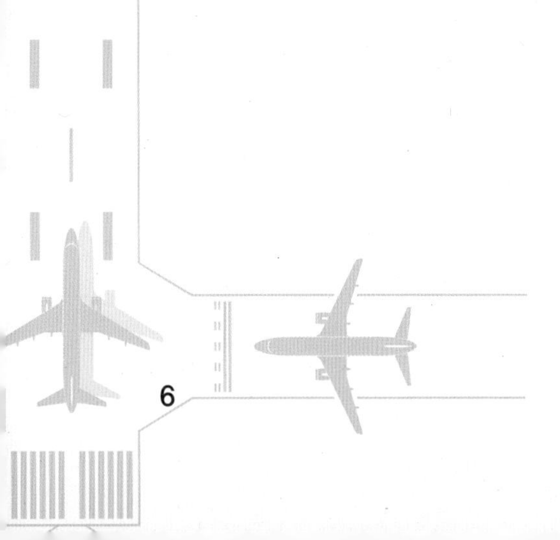

Contents

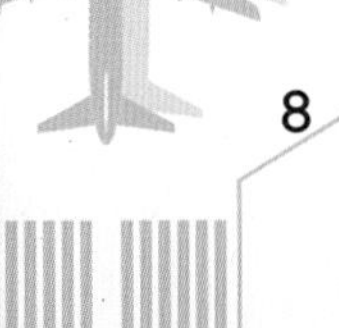

제1장

항공안전의 개요

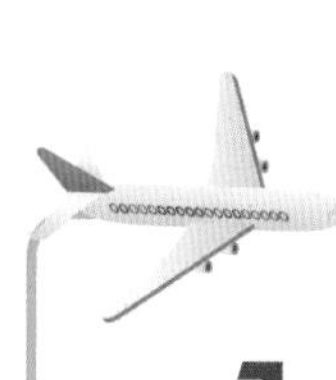

제1장 항공안전의 개요

제1절 항공법

객실승무원의 안전교육은 항공법과 연관되어 있는바, 기내에서 승객에게 서비스를 제공하는 업무와 Safety 상황을 고려하는 업무기준을 준수하는 것이 중요하다고 명시되어 있다.

승무원이 항공법을 숙지해야 하는 이유로는 기내에서 고객이 의도치 않게 행하는 행동이 항공법에 위반될 수 있기에 승무원은 항공법에 명시된 기준과 절차가 무엇인지 숙지함으로써, 발생할 수 있는 불법행위에 대한 예방 역할을 수행해야 한다.

객실승무원(Cabin Crew)의 임무는 대한민국 항공법(Aviation Law of Korea)의 적용을 받으며, 이를 관리 및 감독하는 기관은 국토해양부 산하 항공정책실(Office of Civil Aviation)이다. 또한 항공정책실의 항공 안전 감독관들은 항공사 안전의 저해요인을 찾아 시정하고 규정에 맞게 적용하는 책임을 갖고 있다.

항공법은 안전업무의 관점에서 객실승무원을 정의하고 있지만 더불어 객실승무원의 주된 임무는 고객에게 서비스를 제공하는 것인 만큼 서비스 업무 수행도 중요하다고 할 수 있다.

제2절 항공 역사

항공 역사에 대한 최초의 이론은 과학자인 레오나르도 다빈치로부터 시작되었다고 한다. 그는 날아다니는 새의 원리에 관해 연구하고 있었는데 새가 자신의 중량을 지탱하면서도 공기에 의해 공중으로 뜬다는 사실을 알게 되었고, 이러한 논리에 의거 인간도 날개를 이용한 비행실험을 하게 된다.

레오나르도 다빈치 이후에도 유럽 각국에서는 꾸준히 항공기에 대한 연구 개발을 하였고 19세기 말까지도 지속되었다. 그러다 1900년에 이르러 독일의 체펠린 백작이 가솔린 엔진과 알루미늄 프로펠러를 장착한 대형 비행선을 완성하게 되었다.

아울러 영국의 케일리는 각종 실험으로 비행할 수 있도록 날개의 모양과 비행기의 크기를 연구했으며 새의 모양과 비슷하게 하여 하늘을 날 수 있는 글라이더를 제작하게 된다. 그 모형은 오늘날과 같은 항공기의 모형체라 볼 수 있다.

제2차 세계대전을 거쳐 1950년대에는 많은 기술의 발전과 혁신으로 항공기의 크기 또한 대형화되기 시작했다.

세계대전은 많은 인명 살상으로 고통을 안겨준 전쟁이지만 항공과학은 급속히 발전했다.

특히 빠른 속도의 항공기를 목표로 일부 국가에서는 항공엔진성능 개량에 집중하게 되었다.

동서로 양분된 냉전의 시대에는 서로 간의 이념전쟁을 통해 자신들의 체제선전용으로 항공과학을 발전시키려 노력하였다.

1950년 이후 이러한 냉전시대를 통해 성과를 낸 대표적인 항공기가 보잉사의 B707이며 이후 맥도넬더글러스사에서 DC10이 개발되었다.

이후 중동의 오일 쇼크로 인해 전 세계 주요 국가에서는 연료 절감 및 저소음형태의 항공기가 지속적으로 연구·발전되었다.

B747, 에어버스사의 A320 등이 대표적인 항공기이며 이러한 변화가 지속되면서 오늘날에는 초대형 항공기인 에어버스사의 A380까지로 발전되는 성과를 이루게 된다.

▶ 1968년 최초의 초음속 여객기 구소련의 Tupolev Tu-144

▶ 21세기에 들어서 과학의 발전을 이룬 A380 슈퍼 항공기 등장

A380 항공기는 보잉사의 B747 항공기보다 150명 정도 더 많은 승객이 탑승하여 최대 550명 이상 탑승 가능한 항공기로 현존하는 항공기 중 가장 크다.

A380은 8천 마일을 항행할 수 있는 가장 높고 멀리 가는 항공기로 동체 길이만 73미터이며 날개폭은 80미터로 아파트 10층 높이의 규모이다.

제3절 항공기 비행원리

항공기에서 근무하는 승무원들은 기본적인 항공기의 기체이론을 필수적으로 이해하여야 한다.

항공기의 급상승, 급강하 등 비정상적 상황이 발생할 수 있는 항공기에 작용하는 힘의 논리를 이해하면 기체에 미치는 영향을 알게 되므로 대처 가능한 상황을 예상할 수 있다.

항공기가 비행 중일 때 기체에 작용하는 힘은 그림처럼 네 가지로 나눌 수 있다.

뜨려는 양력(lift), 내려앉으려는 중력(weight), 앞으로 가려는 추력(thrust), 앞으로 가려는 힘을 방해하려는 항력(drag)이다.

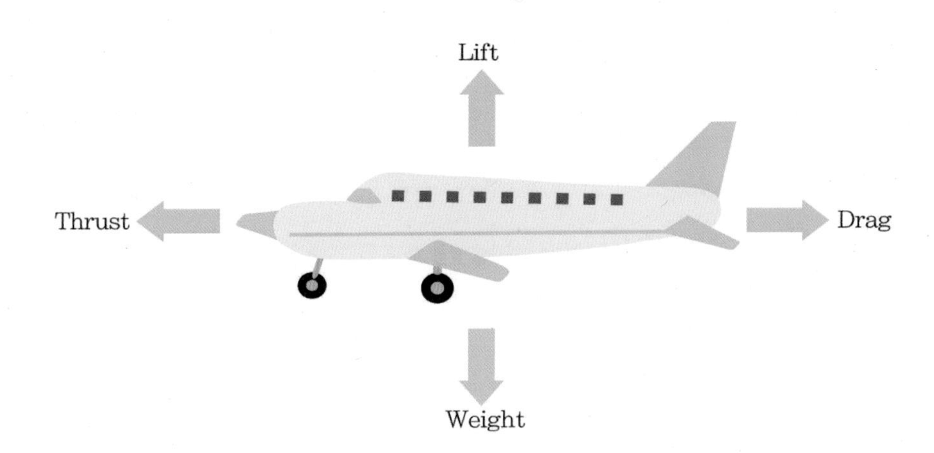

이 가운데 비행기를 실제로 날게 하는 원리가 양력이다. 비행기 날개의 단면을 살펴보면 윗면 앞부분은 완만한 언덕 모양으로 부풀어 있고 다시 뒤쪽을 향해서 느릿한 경사를 이루고 있다. 이에 따라 사진에서처럼 비행기가 빠른 속도로 나아갈 때 공기의 흐름이 날개에 닿으면 위아래로 갈라져 지나간다.

이는 유체역학의 기본법칙 중 하나인 베르누이의 정의에 의해 이해할 수 있다.

베르누이의 정의란 유체의 유속과 압력의 관계를 수량적으로 나타낸 것으로, 단위시간당, 단위면적당 지나가는 기체의 양이 일정하다는 것을 이론으로 정립한 것이다.

모든 항공기에 동일하게 적용되는 이 이론에 의하면 바람의 흐름과 속도는 사진에서처럼 날개 위쪽에서 빨라지고 아래쪽에서는 느려지게 된다. 위쪽 공기 흐름의 속도가 아래쪽의 속도보다 빨라 윗면의 압력보다 아랫면의 압력이 더 커지게 된다. 그 때문에 날개가 위로 들어 올려지는 현상이 일어난다.

날개 윗면의 기압은 대기압보다 낮아져서 날개를 위쪽으로 들어 올리는 작용을 하며, 아랫면의 기압은 대기압보다 높아져서 날개를 아래부터 밀

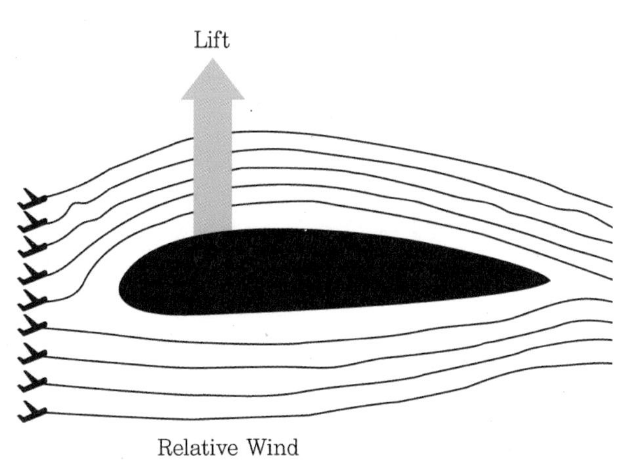

▸ 정상적으로 비행 중인 항공기 날개에서의 공기의 흐름

어 올리는 작용을 한다. 속도가 빠르면 빠를수록 작용하는 압력은 작아진다.

우리가 이러한 논리를 증명할 수 있는 쉬운 실험이 있다.

종이를 입 근처에 대고 불면 종이는 날려고 한다. 이와 같이 종이 윗면과 아랫면에 작용하는 기압 차이로 날려는 힘이 작용하고 불려지는 속도가 빠를수록 잡고 있는 종이는 빠르게 날려고 할 것이다.

그리하여 날개에는 아래에서 위로 떠받치는 힘이 생기는데, 이를 양력이라고 한다. 양력이란 한마디로 물체를 위로 들어 올리는 힘을 말한다. 비행기는 이 양력 때문에 위로 떠오른다. 양력이 비행기의 무게와 같으면 같은 높이로 날고, 비행기의 무게보다 크면 위로 올라가고, 작으면 아래로 내려온다. 양력은 비행기의 speed와 공기의 흐름, wing의 크기, wing의 모양 등에 따라 달라진다.

비행기의 경우 (+)양력이 발생할수록 좋다. 여기에 앞으로 나가려는 추력(Trust)이 더해져 비행기는 속도를 낸다. Trust는 엔진에 의해 앞으로 나아가는 힘으로, 뉴턴의 제3법칙인 작용 반작용에 의한 것이다.

프로펠러나 제트엔진에 의해서 뒤로 밀리는(또는 분사되는) 공기의 움직임에 대한 반작용으로 비행기가 앞으로 움직이게 되는 것이다.

반면 항공기 날개가 공기의 흐름을 방해하여 항공기가 추락할 수 있는 비정상적 상황도 이해하여야 한다. 아래 그림에서처럼 날개 상단에서 공기의 흐름이 왜곡되는 현상이 발생하여 양력이 상실될 때 항공기는 바로 항공기 무게에 의거하여 추락하게 된다.

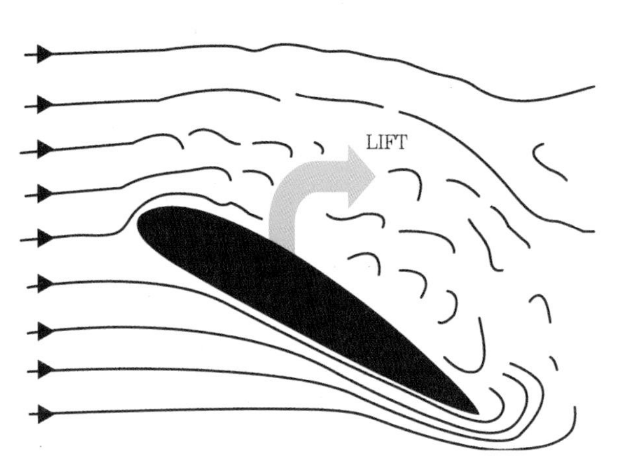

▸ 비정상적 비행 위치에서 날개에 적용되는 공기의 흐름(Stall)

그림처럼 항공기의 날개에 공기의 흐름이 왜곡될 수 있을 때 양력이 상실되며 어느 일정한 각도(Angle of attack)에 이르면 Stall이 발생되게 된다.

Stall은 모든 항공기에서 일어나며 대체로 모든 조종사들은 Stall 현상이 발생할 경우에 대비하여 Stall recovery 조작을 익

히게 된다.

Stall 현상이 가장 많이 발생하는 경우는 착륙과 이륙 때이며 착륙 시 활주로에 충격 없이 랜딩을 하려면 하강속도에 맞게 head를 들어 올려야 하나 하강속도가 너무 빠른 상태에서 head를 들어 올릴 경우 재상승하게 되어 Stall이 발생하게 되므로 항공기 동체에 심한 충격을 줄 수 있다.

또한 이륙의 경우 동체를 들어 올릴 수 없을 정도의 양력이 발생하지 않는 상태에서 급격히 head를 올리면 stall이 쉽게 발생한다.

그래서 보통 착륙과 이륙 시에 항공기 사고의 90%가량이 발생된다는 것이다.

1. Airspeed

아래 그림처럼 항공기 자체의 속도(Airspeed)는 바람의 영향이 없을 경우 항공기 속도가 정상적으로 유지되지만 바람이 뒤에서 불거나 앞에서 불 때는 속도에 영향을 미친다.

즉 100mph라고 가정할 경우 앞바람이 20mph인 경우 speed는 100 − 20 = 80mph이고, 뒤에서 바람이 20mph가 불 경우 100 + 20 = 120mph의 속도로 항공기의 속도는 진행될 것이다.

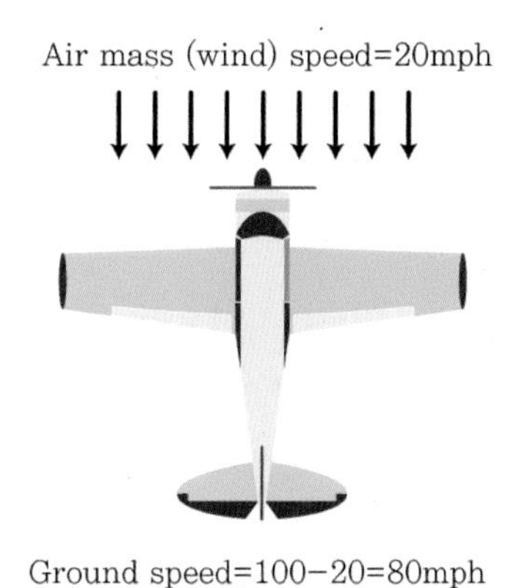

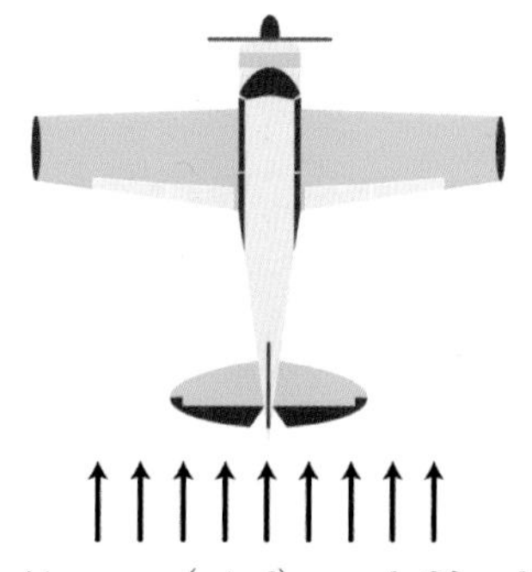

▸ 그림으로 보는 비행 원리 이해

2. The Four Forces

- Lift : 양력(Lift)은 날개에 의해 발생되는 힘이다. 항공기 무게(Weight)와는 반대되는 힘으로 속도가 나지 않는 비행상태에서는 무게와 양력이 평형상태를 유지한다. 이때 어느 한쪽이라도 힘이 적어지면 적어진 힘에 의해 상승 또는 하강하게 된다.
- Weight : 항공기의 무게는 항상 일정하지가 않다. 탑승인원, 연료량, 화물의 무게 등에 따라 항공기의 무게는 달라지며 비행 중에는 연료의 소모에 따라 항공기 전체의 무게가 감소하게 된다. 항공기의 무게는 항공기 조작에 상당한 영향을 준다.
- Thrust : 항공기가 앞으로 나가려는 추진력(forward-acting force)이다. 이 힘은 항공기 엔진의 프로펠러가 돌아갈 때 발생되는 힘으로 항공기 엔진의 파워에 따라 추진력의 가속력이 높아진다.
- Drag : 항공기 표면 또는 동체와 공기의 흐름이 상호 마찰을 일으키면서 발생되는 힘으로 항공기의 추력을 반감시키기도 한다.

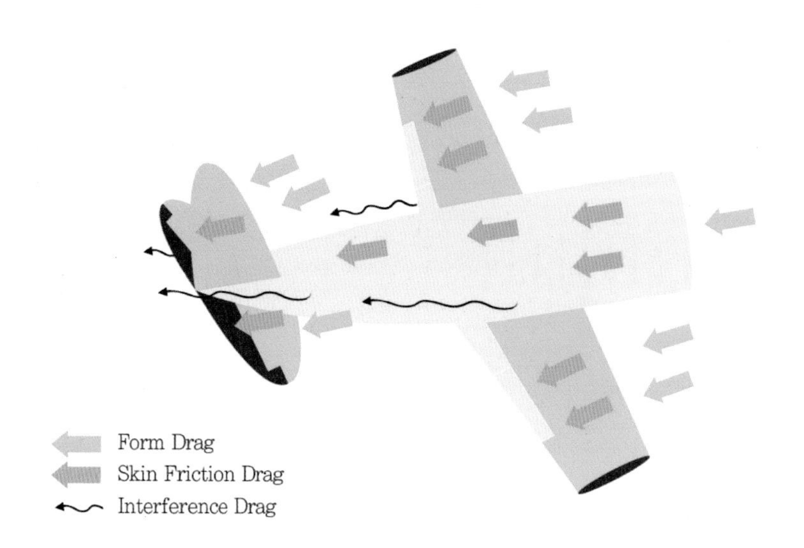

3. Three Axis of Flight(항공기에 작용하는 3가지 축)

- Longitudinal axis : 방향 선회를 할 때 작용하는 축으로 control을 왼쪽으로 선회하면 left Ailerons은 눕혀지고 오른쪽 Ailerons는 세워져 왼쪽은 양력이 증가되고 오른쪽은 drag이 생겨 결국 왼쪽으로 선회할 수 있게 한다.

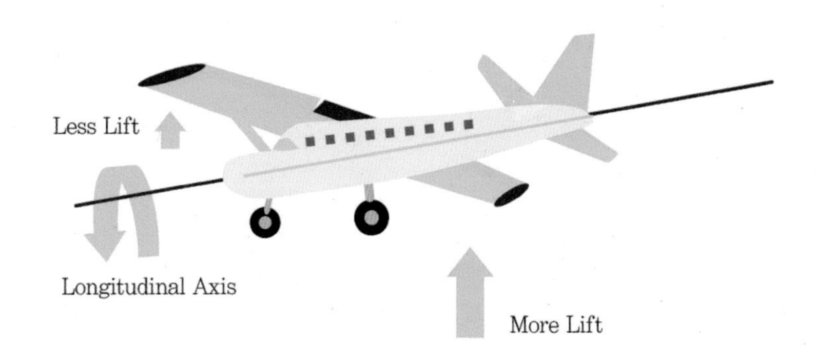

- Vertical axis : 항공기의 rudder pedal을 밟으면 항공기 vertical stabilizer와 붙어있는 rudder가 움직이게 된다. 왼쪽 페달을 밟으면 left rudder가 왼쪽으로 움직이게 되어 항공기 head가 왼쪽으로 turn하게 되고 오른쪽도 같은 논리로 작용한다.

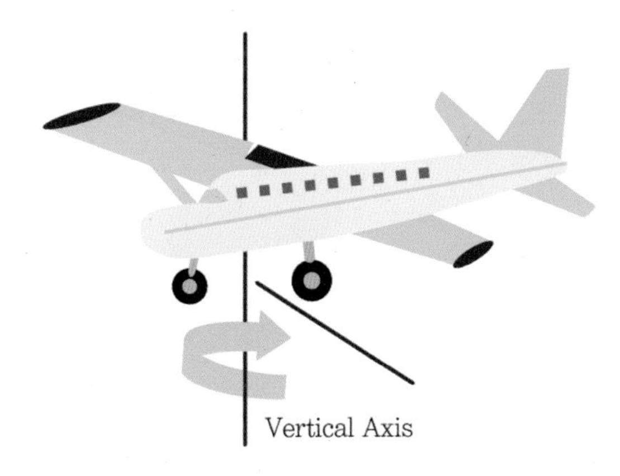

- Lateral axis : 항공기의 Elevator는 항공기 control을 당기면 Elevator가 아래로 숙여지게 되어 상승하게 되고 반대로 밀면 Elevator가 위로 세워져 고도가 낮아지도록 작용한다.

4. Instruments

1) Altimeter

항공기에 부착되어 있는 고도계에 표시된 높이는 항공기에서 Sea level(해수표면)로부터의 고도를 의미한다.

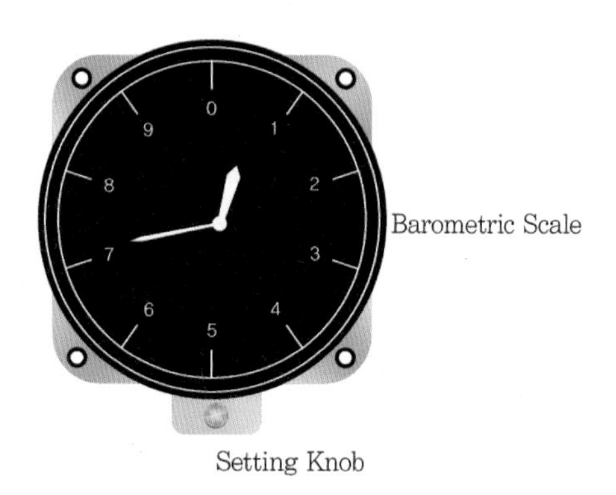

2) Airspeed

현재 운항 중인 항공기의 속도를 알려주는 계기판이다. 실제 항공기 운항에 있어서도 연착하지 않고 오히려 예정된 시간보다 빨리 도착하는 경우는 대부분 바람을 등지고 오는 경우가 많다.

3) Attitude Indicator

항공기의 자세유지와 항공기 turn, 항공기 bank, nose up, left wing down(5도) 등 동지시계를 보고 조종사는 조작한다.

Turn and Slip　　Turn Coordinator　　Attitude Indicator

4) Heading Indicator

항공기의 heading을 안내하며 경우에 따라 항공기를 조작하는 조종사가 방향을 잃어버릴 경우 관제사로부터 방향 각도를 안내받는 경우가 있으며 이때 이 지시계를 통해 안내대로 항공기를 leading한다.

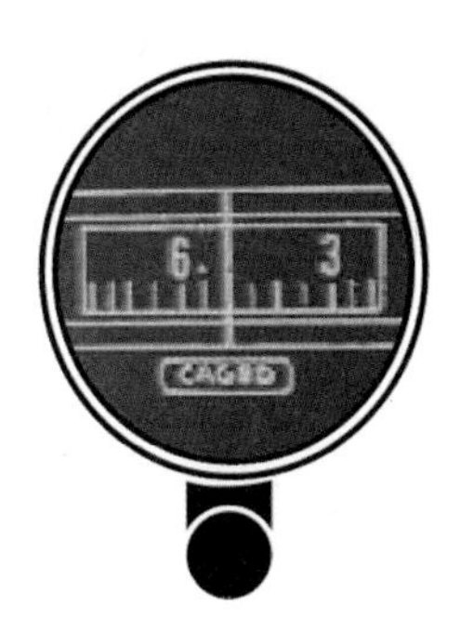

5) Vertical Speed Indicator

항공기가 일정한 각도로 상승과 하강을 유지해야 할 때 이 지시계를 이용한다.

6) Controls

항공기에는 여러 계기판이 있으며 이를 통해 조종사들은 항공기를 안전하게 조작할 수 있다.

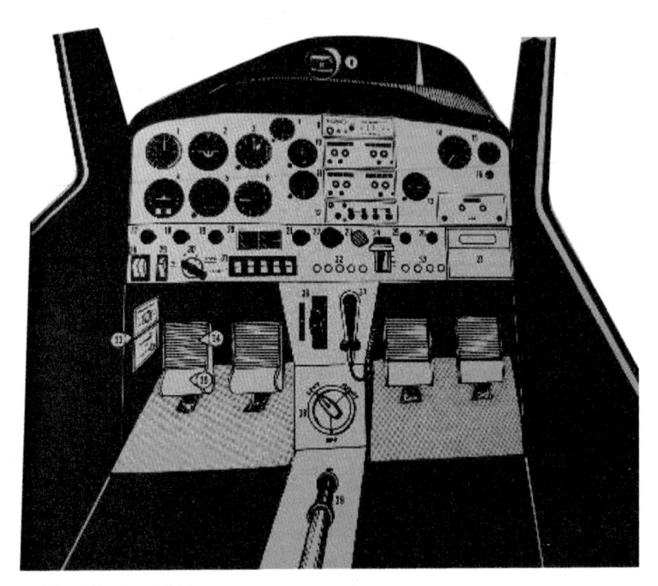

▸ 경비행기 조종석

7) Cruising Speed

항공기가 안전 고도에 도달하면 일정한 항해 속도를 유지하여 항행하는 속도를 의미한다. 보통 조종사가 비행 중 안내방송으로 비행기의 순항속도를 안내하곤 한다.

5. Airport Runways

1) 활주로

항공기가 이착륙하는 곳이며 부여된 활주로의 넘버는 공항 설계자가 임의로 지정한 것이 아니라 활주로의 바람 방향과 연관하여 설계하고 마그네틱(Magnetic heading) 방향에 따라 번호가 부여된다. 즉 그림에서처럼 활주로가 방위각의 90도와 270도인 경우 각각 해당 방향대로 활주로 9(nine)과 활주로 27(two seven)이 되는 것이다.

또한 같은 방위각이라도 왼쪽(Left), 오른쪽(Right)을 붙여 36L와 36R으로 활주로를 구분한다.

항공기에서 보면 활주로 표면에 그려 놓은 숫자 또는 마크 등을 볼 수 있는데 이것에는 각각 의미가 있다.

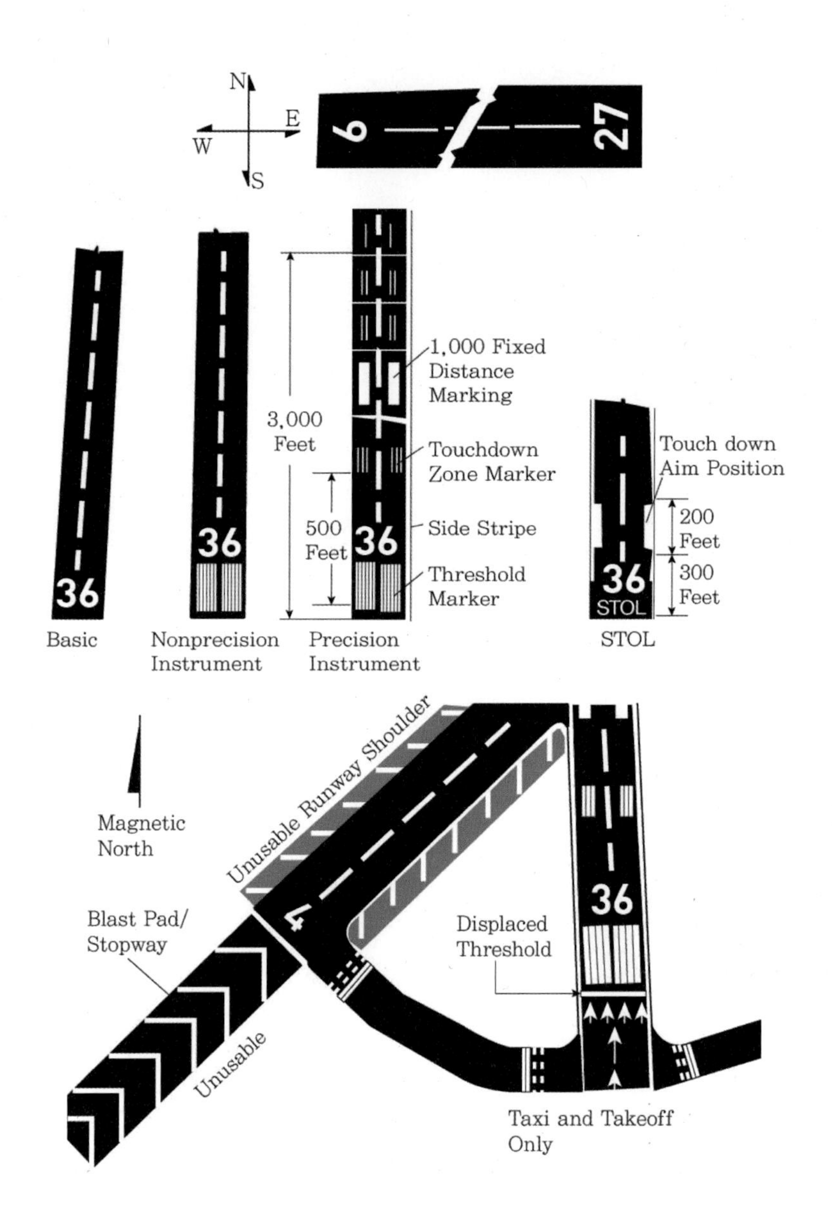

6. Approach Lighting System

항공기에 동력 상실 등 IFR 계기 착륙이 불가능할 때 공항에서 조종사에게 보내는 수신호 등을 이용한다. 대표적인 것이 Beacon으로 밤에 VFR 조종사에게 특히 도움을 주는 방법으로 사용된다. Beacon으로 민간 공항과 군사 공항의 식별이 가능하게 하기도 한다.

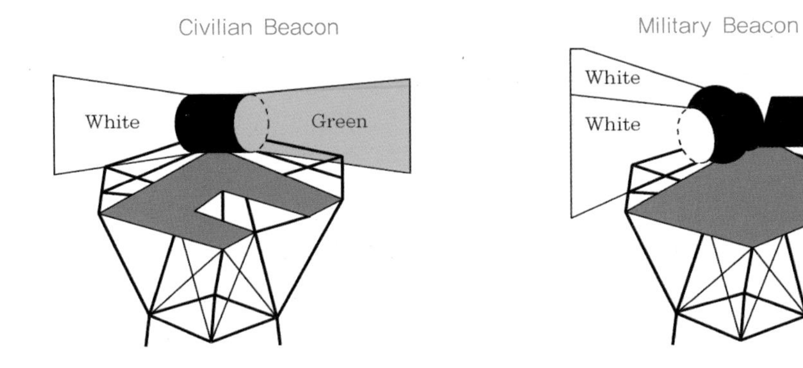

7. Runway Visual Glideslope Indicators

항공기 착륙 시 종종 기내에서 볼 수 있는 활주로의 형태이다.

보통 기체가 정상적인 착륙각도라면 활주로 초입 옆에 설치되어 있는 indicator는 녹색을 보이나 정상적인 각도가 아닌 기체가 높거나 낮은 경우 빨간색 또는 흰색 등으로 보인다.

이를 통해 조종사들은 즉각적으로 항공기 착륙 높이를 수정하는 등 VFR 착륙에 반드시 필요한 공항 설비이다.

착륙 시 기내에서 활주로 쪽을 보거나 김포공항 또는 지방 공항을 차량으로 이동할 때 높은 지대에서 활주로를 바라보면 쉽게 관찰할 수 있다.

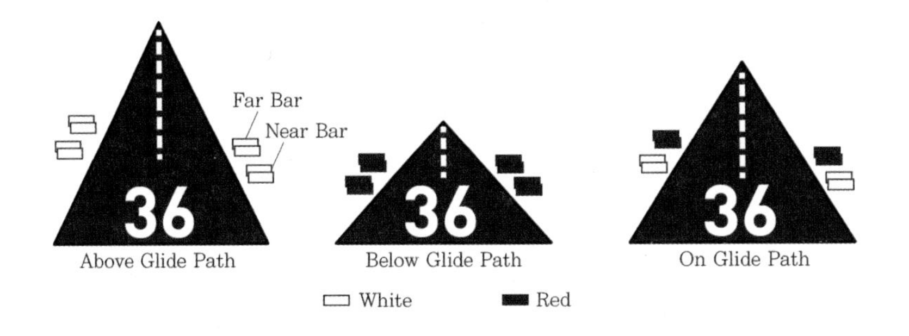

8. Weather Hazards

1) Turbulence

Turbulence는 빈도(frequency)와 강도(Intensity)에 따라 4가지 종류로 나뉜다.

- Light : 항공기의 흔들림 정도가 가벼운 범퍼 정도일 때 Light turbulence라고 한다.
- Moderate : 항공기의 흔들림 정도가 빠른 범퍼 정도일 때 Moderate turbulence라고 한다.
- Severe : 항공기 고도와 자세의 급작스런 변화는 항공기 속도와 조작에 지대한 영향을 미치게 되므로 승객들에게 안전 벨트를 매도록 권유하게 된다.
- Extreme : 항공기를 조작하기 불가능할 정도이며 항공기가 damage를 입게 된다.

2) Icing

겨울철 기체 표면이 0도 또는 그 이하일 경우 동체에 Ice가 얇게 형성된다. 이 Ice로 인해 항공기는 양력(lift)이 상실되어 비행 안전이 저해된다. 따라서 비행 전에 항공기는 De-icing 작업이 필수로 보통 공항마다 De-icing작업을 별도로 하는 지상 조업을 보유하고 있다.

3) Wind Shear

Wind shear는 바람의 속도가 갑자기 바뀌거나 방향이 예측하기 어려운 어떠한 고도에서도 발생하는데 항공기가 이착륙하는 데 아주 위험한 날씨의 형태이다.

그림에서 보는 것처럼 이륙 또는 착륙 시 위에서 아래로 부는 바람으로 인해 항공기의 양력을 방해하여 항공기 사고가 유발될 수 있다.

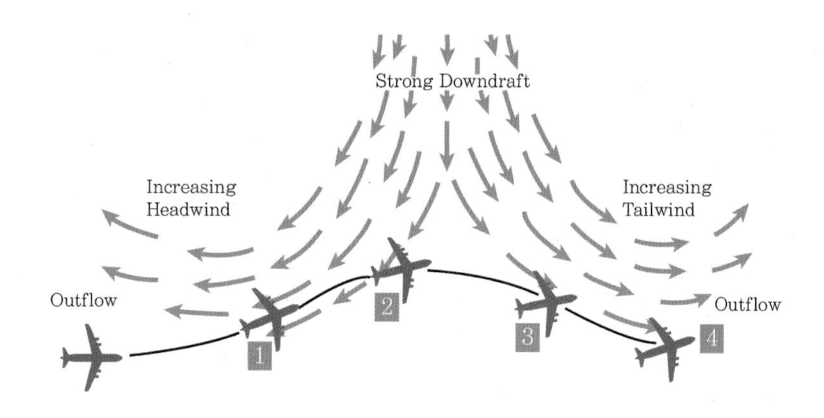

21L

제2장

항공기의 구조와 형태

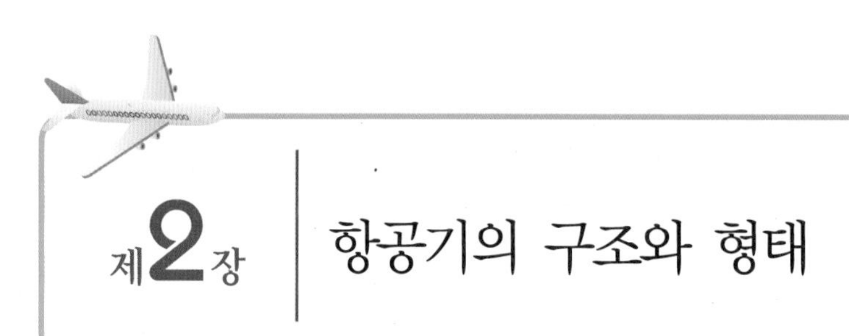

제2장 항공기의 구조와 형태

과거에는 항공기가 소형이고 항속거리가 짧은 성능의 단거리 위주였으나, 현재는 과학과 기술의 발달로 항속거리가 점차 길어지면서 승객들이 더 많이 탑승할 수 있는 대형화로 변모하였다. 또한 과거에는 최종 목적지까지 가는 Route 중간에 기착지가 있어 연료 등을 재충전해야 했으나 현재는 직접 도착할 수 있을 정도로 항공기의 성능이 크게 향상되었다. 따라서 조종사도 과거에는 기장, 부기장, 항법사 등이었으나 항법사 역할을 기계가 대신하게 되어 조종사와 부조종사만이 탑승하게 되었다.

▸ 아시아나항공의 현재 운영 중인 에어버스 380항공기

항공기의 내부를 보면 조종을 담당하는 조종석(Cockpit), 승객 좌석이 있는 객실(Cabin), 그리고 화물(Cargo), 주방 역할의 갤리(Galley) 및 화장실 등으로 구성되어 있고, 외부로는 동체(Fuselage), 날개부분(Wing), 엔진(Engine) 그리고 착륙장치(Landing Gear) 등으로 구성되어 있다.

제1절 항공기 내부 구성

1. 조종석

항공기 조종석에서 좌측은 기장, 우측은 부기장이 탑승한다.

▸B747 조종석 내부

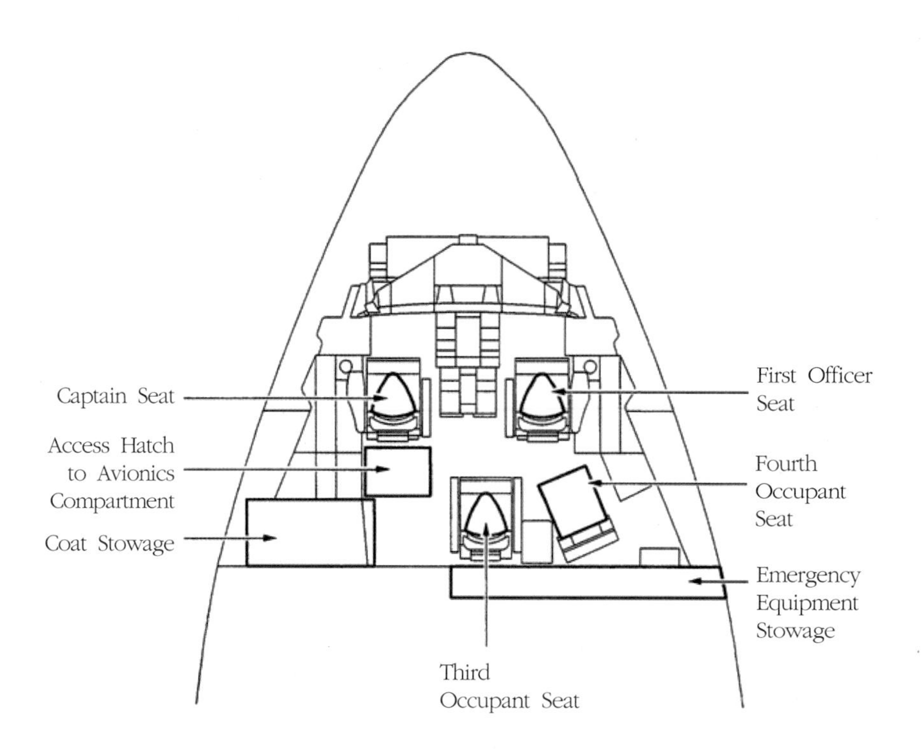

항공기 Door 출입문, 비밀번호로 잠겨 있어 인가된 자 외에는 출입이 불가능하며 사진에서 보는 것처럼 출입 시 비밀번호를 눌러야 한다.

2. 객실

최신 기종일수록 항공기 내 좌석에는 개인용 오디오시스템이 갖추어져 있다.

▸ B777 객실 내부

▸ B737 객실 내부

3. 화물(Cargo)

항공기마다 동체 밑부분에 화물을 탑재할 수 있는 공간이 있다.

▸ A321 항공기 내 화물 탑재 공간

▸ 항공기 배면 화물 탑재칸 내부

4. 주방(Galley)

항공기 내부에는 승객에게 제공하기 위해 기내식 및 음료를 준비하는 주방이 배치되어 있다.

▸ B747항공기 Galley 옆면 및 정면

5. 화장실(Lavatory)

▸ B747 화장실 내부

▸ A330 화장실 외부

제2절 항공기의 외부형태

1. 항공기의 용도별 분류

1) Passenger(여객기)

2) Freighter(화물기)

※ 여객기와 화물기는 다음과 같이 구분한다. 화물기의 경우 Cargo라는 명칭이 외부에 쓰여 있고, FWD 외에는 창문이 없어 여객기와 구별하기 쉽다.

화물기는 보통 화물만을 수송하고 장거리일 경우 조종사가 2명으로 구성된 2개 편조로 운영된다.

여객기는 승객 위주로 탑승하며 마찬가지로 장거리일 경우 2명으로 구성된 2개 편조가 탑승하여 운영된다. 또한 여객기 하부에는 승객들의 짐을 탑재할 수 있는 화물칸이 별도로 있다.

2. 항공기의 외부명칭

- Fuselage(동체) : 항공기의 몸체 부분
- Nose : 항공기 Fuselage의 최전방 부분
- Wing(날개) : Main Wing(주 날개) 및 Tail Wing(꼬리 날개)
- Engine(엔진) : 엔진은 날개(Wing)에 있으며 항공기에 따라 항공기 동체 후미에 장착되어 있는 기종도 있다.

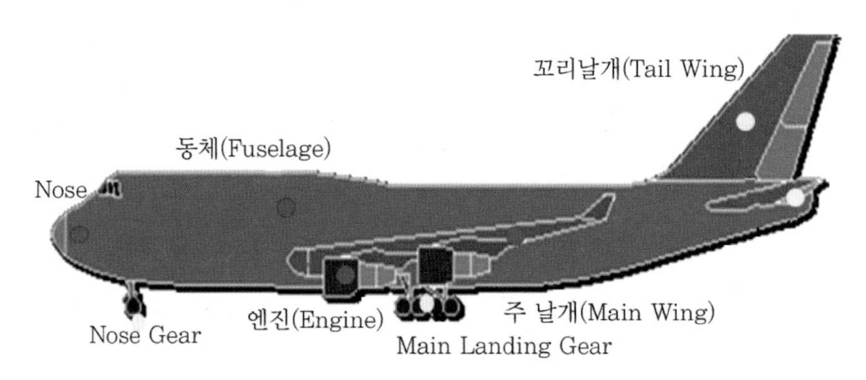

▸ 항공기 상부 동체 명칭

대형기는 주로 항공기 좌우로 2개의 엔진이 달려 있으며 중형기 및 소형기는 좌우 날개에 엔진이 각각 1개씩 달려 있다.

- 대형기 : A380, B747, B777(B777은 대형기이나 엔진은 좌우 각각 1개)
- 중형기 : A330, A340, B767
- 소형기 : B737, A320/321

A380 슈퍼점보기 등장

A380기는 에어버스사가 2006년 초에 제작한 최첨단 초대형 항공기로 국내에서는 대한항공이 2011년에 최초로 5대를 도입하여 현재 운항 중에 있다. 점보제트기로 불리는 보잉사의 B747 항공기보다 150명 정도 더 많은 승객과 최대 550명 이상 탑승시킬 수 있으며, 비행거리도 8천 Nautical Mile을 항행할 수 있다. 현존하는 항공기 중 가장 높게 그리고 가장 멀리 나는 항공기라 할 수 있으며, 동체 길이만 73미터이며 날개폭은 80미터로 축구장 넓이만한 크기에 아파트 10층 높이의 규모이다.

1) Wing(날개)

항공기 동체와 연결된 주요 부분으로 항공기를 공중으로 부상시켜 비행할 수 있는 힘을 만들어내는 역할과 항공기 연료를 탑재하는 공간으로도 활용된다. 항공기 날개는 위치에 따라 Main Wing(Fuselage의 가운데에 위치)과 Tail Wing(항공기 끝부분)으로 구분된다. 날개는 다음과 같은 주요 부분으로 구성된다.

(1) Flap

공기의 흐름을 이용하여 항공기가 날 수 있는 양력을 발생시킨다. 또한 이착륙 시 활주로의 거리를 짧게 갖도록 속도를 감속시키는 역할을 한다.

▸ 정비 중인 항공기 Falp

(2) Aileron

항공기를 좌우로 선회시키며 기체의 좌우 안정을 유지하는 역할도 한다.

(3) Spoiler

착륙 후 스포일러를 수직으로 세워 공기 저항을 통해 항공기의 속도를 감속시키며, 이는 활주로의 거리를 짧게 하는 효과가 있다.

(4) Tail Wing

꼬리날개는 수직 안정판(Vertical Stabilizers)과 수평 안정판(Horizontal Stabilizers)으로 되어 있으며, Stabilizers(안정판)의 주요 역할은 항공기의 균형, 상승, 하강 및 좌우 방향 전환 시 사용된다. 또한 항공기 이착륙 시 항공기의 Head 방향을 바로 잡아주는 방향타(Rudder)가 있다.

▸ Vertical Stabilizers(수직 안정판) 및 Rudder(방향타)

▸ Horizontal Stabilizers(수평 안정판) 및 Elevator(상승타)

2) Engine

항공기가 양력을 내도록 추진력을 발생시키는 주동력을 제공하며 항공기의 동체 옆, Wing 및 기종에 따라 꼬리부분에 장착된 항공기도 있다.

항공기 기종에 따라 항공기 엔진의 수는 다르며 보통 대형기는 각 날개별 2개씩의 엔진이, 중·소형기는 각 날개별 1개씩의 엔진이 장착되어 있다.

항공기 엔진은 Rolls Royce, Pratt and Whitney와 General Electric 등 엔진 제작사에서 제작된 엔진이 현재 운항 중인 전 세계 주요 항공기에 장착되어 있다.

Engine의 Numbering은 항공기를 마주 본 상태에서 오른쪽에서 왼쪽으로 번호가 부여된다. 예를 들면, Engine의 수가 4개인 B747 항공기의 경우, Main Wing의 가장 우측에 있는 Engine이 No.1 Engine이 되고, 가장 좌측에 있는 Engine이 No.4 Engine이 된다.

3) Gear

- Landing Gear는 항공기의 지상이동 및 이착륙 시에 사용된다.
- 항공기 전방의 Nose Gear는 지상에서의 균형유지와 방향 전환에 이용된다.
- 항공기의 주 날개 좌우에는 Main Landing Gear가 있는데 항공기의 균형유지, 충격 흡수 및 제동 작용을 한다.
- B747의 경우 Nose 1개조(2개), Main 4개조(16개)로 총 18개의 바퀴로 구성되어 있다.

▸ 날개 밑 Main Gear

4) Nose

항공기 Fuselage의 최전방 부분을 Nose라고 부른다. 특히 이곳은 항공기 Radar System이 장착되어 있는 중요한 부분이기도 하다.

▸ Nose Gear

5) Winglet

주 날개 끝자리에 위치하며 항공기의 저항을 줄이는 기능을 한다.

3. 항공기 Version

항공기는 같은 Type일지라도 항공기의 크기, 엔진의 크기 객실구조나 좌석 수가 다른 경우 이를 구분하기 위해 아래와 같이 Version으로 나뉜다.

- B747 Type : 744P, 744E, 744S, 744A, 744B
- B777 Type : 772P, 772S, 773P
- B737 Type : 738P, 73HP, 73HQ
- A330 Type : 332P, 333P

4. 조종실의 구조

1) 조종실(Cockpit)

항공기의 조종실은 객실 최전방에 위치하며, 일반적으로 2인, 즉 기장(Captain)과 부기장(First Officer)이 근무하도록 설계되어 있다. 조종실 내 모든 좌석(Jump seat)은 좌석벨트(Seatbelt), Shoulder Harness로 구성되어 있으며, 왼쪽 좌석은 기장(Captain), 오른쪽 좌석은 부기장(First Officer)이 착석한다.

조종실을 보호하기 위해 Door 내에 보안장치가 설치되어 있다.

- 조종실 내부에서 출입문 외부를 확인할 수 있는 조망경이 장착
- 출입문에는 번호 입력 Lock 장치가 있어 조종실과 사전에 인터폰으로 통화한 출입 허용자만 출입이 가능

▸B747 조종실 출입문

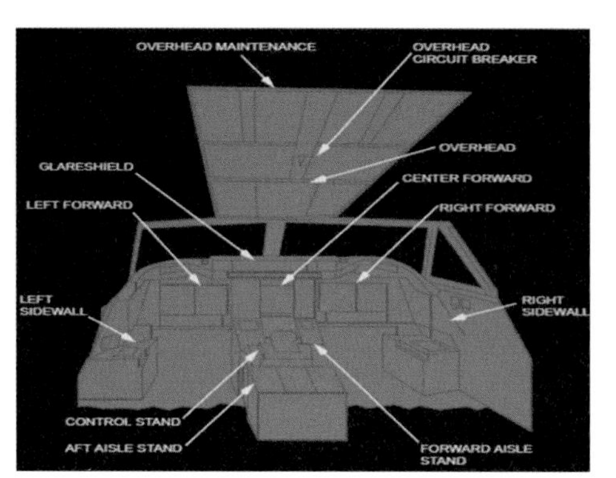

2) 조종실 내 Communication System

- Public Address System : 항공기 운항 중 기장은 방송을 통해 승객에게 운항정보, 현지 날씨 그리고 현지 공항의 특이사항 등을 승객들에게 안내한다. 이는 안전운항도 중요하나 승객에게 적시 적절하게 제공하는 기내방송도 중요한 서비스이기 때문이다.
- Radio Company System : 항공기 간 또는 항공기와 지상 간의 통신을 가능하게 해주는 시스템이다.
- Interphone System : 조종사와 객실승무원 간에 의사소통을 할 수 있게 해주는 시스템이다.

3) 조종실 내 비상장비

조종실 내에는 비상사태 대처를 위한 각종 비상장비(Emergency Equipment)가 갖추어져 있다. 조종실 내 탑재 비상장비로는 Halon 소화기, PBE, 석면장갑, 손도끼, ELS(Emergency Light Switch), Flash Light 및 승무원 구명복(Life vest) 등이 있다.

4) Black Box

Black Box는 실질적으로 조종실 내에는 없고 비행기 꼬리 밑부분에 설치되어 있다. 그 이유는 항공기가 추락할 때 제일 충격을 적게 받는 위치이기 때문이다. Black Box는 다음과 같은 주요 역할을 한다.

- 음성녹음장치(CVR : Cockpit Voice Recorder) : 항공기의 전원이 공급되는 동안 조종실 내의 마이크를 통해 조종사 간 대화나 관제탑의 교신 내용, 그리고 엔진 소음과 기타 소리도 저장된다. 따라서 향후 사고 발생 시 사건의 중요한 단서인 항공기 운항 관련 정보를 내포하고 있다.
- 비행정보기록장치(FDR : Flight Data Recorder) : 항공기 내 각종 기기상태를 기록함으로써 당시 항공기 상황, 즉 항공기의 고도 및 속도 등의 각종 비행 정보가 기록된다.

Black Box는 눈에 잘 띄기 위해 형광물질로 된 주황색 빛깔의 표면으로 되어 있고, 큰 충격 및 압력도 감당하며, 1,100℃에서 30분간 견디는 특수재질로 만들어진다.

강이나 바다에 추락했을 때는 육안으로 찾기 힘들며 고유 주파수인 37.5kHz가 30일간 지속적으로 발생하는데, 자체 배터리 수명은 6년이고 비행기가 비행하는 순간부터 자동으로 녹음되면서 30분 간격으로 삭제되고 다시 녹음되는 형식으로 작동된다.

▶ 다양한 형태의 블랙박스 모형

5. 객실 구조

항공기 좌석은 탑승객 좌석과 승무원 좌석으로 구분되며 탑승객 좌석은 다시 크게 일등석(First Class), 이등석(Business Class), 일반석(Economic Class)으로 나뉜다. 근래 들어 항공사에서는 Class에 대한 명칭을 다르게 부여하고 있으며 좌석을 특성 있게 배치하고 있다. 좌석 간 간격과 제공되는 기내식의 수준도 항공사별로 차별성을 띠는데, 이는 고객에게 보다 편안한 여행을 제공하려 노력하는 항공사가 많아지고 있기 때문이다.

1) Class

(1) 일등석(First Class)

일등석은 객실 전방부나 2층(Upper deck)에 위치하며 좌석 사이의 간격이 다른 등급에 비해 넓고 쾌적하게 배치되어 일등석만의 안락함과 쾌적함을 조성하는 독립된 분위기를 연출한다. 승객은 18석 내외로 만들어졌으며 180도로 좌석이 뒤로 젖혀진다. 또한 일등석은 전용 Bar가 설치되어 있으며 편안한 휴식을 위해 의복 및 슬리퍼를 제공하는데, A380의 경우 최근에 샤워실까지 설치하여 하늘 위 호텔이라 할 정도로 시설 면에서 점차 편의 위주로 변모하고 있다.

▸ 아랍에미리트 항공사 F/C

▸ 대한항공 F/C

▸ 아시아나항공 F/C

(2) 이등석(Business Class)

최근 들어, 항공사 마케팅 전략의 초점이 되고 있는 이등석은 승객들에게 다양한 편의시설을 제공하고 있다. 보통 이등석의 위치는 항공사별로 다소 다르나 보통 일등석 후방 또는 2층(Upper deck)에 위치한다. 항공기별로 대략 32~40석 정도의 규모이며 일반석에 비해 좌석 공간이 넓어 편안한 여행을 즐길 수 있다.

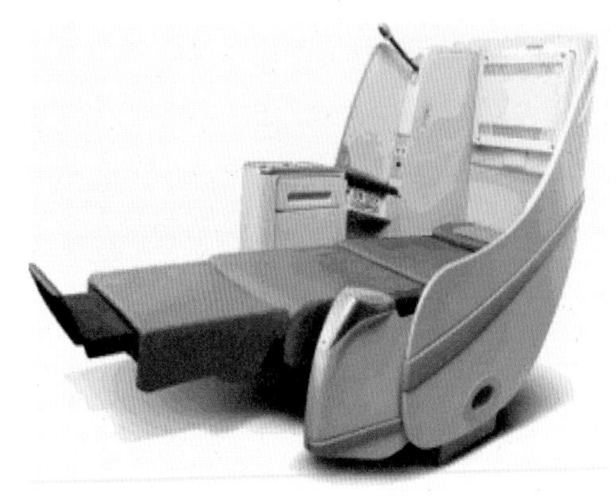

▸ 대한항공 B/C

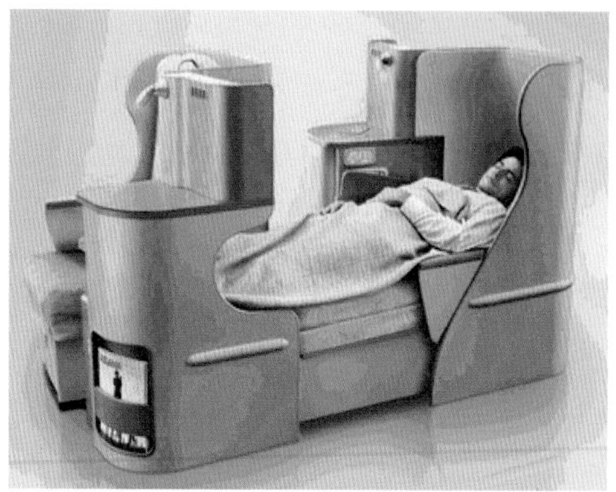

▸ 아시아나항공 B/C

예) 항공사별 B/C 명칭

- 대한항공 : Prestige Class
- 아시아나항공 : OZ Quadra Smartium
- 일본항공 : Execute Class

(3) 일반석(Economy Class)

일반석은 기종에 따라 차이가 있으나 소형기는 100~150석, 중형기는 240석 이하, 대형기는 320석 이하(B747-400 PAX) 탑승이 가능하다. 최근 들어, 항공기 내 일반석에도 개인별 모니터가 설치되고 있으며 F/C, B/C에만 설치되었던 AVOD는 전 좌석에 장착하여 영화나 음악, 게임, 인터넷 등을 할 수 있도록 설치가 확대되는 추세이다.

2) Zone

보통 Door를 기준으로 구분되는데, 예를 들면 B777 항공기의 경우 아래 그림처럼 A Zone은 No 1과 No 2 Door 사이, B Zone은 No 2와 No 3 Door 사이, 그리고 C Zone은 No 3와 No 4 Door 사이로 구분한다. 이와 같이 구분하는 이유는 승무원들의 기내 근무 업무와 Duty 배정 등의 편리성을 도모하기 위함이다.

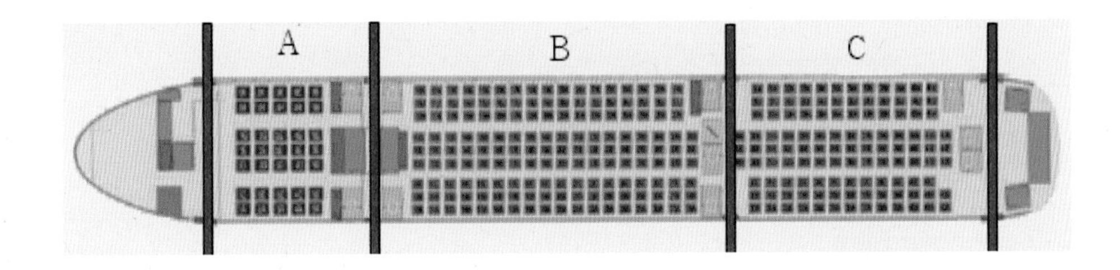

3) Narrow Body Aircraft와 Wide Body Aircraft

보통 소형기종은 통로(Aisle)가 하나인 Narrow Body Aircraft(Single Aisle Aircraft)라고 하며, 중 · 대형기들은 통로가 2개인 Wide Body Aircraft(Double Aisle Aircraft)라고 한다.

(1) Narrow Body(Single Aisle) Aircraft : 소형기종

▸ A321기종 좌석 배치도

(2) Wide Body(Double Aisle) Aircraft : 중 · 대형기종

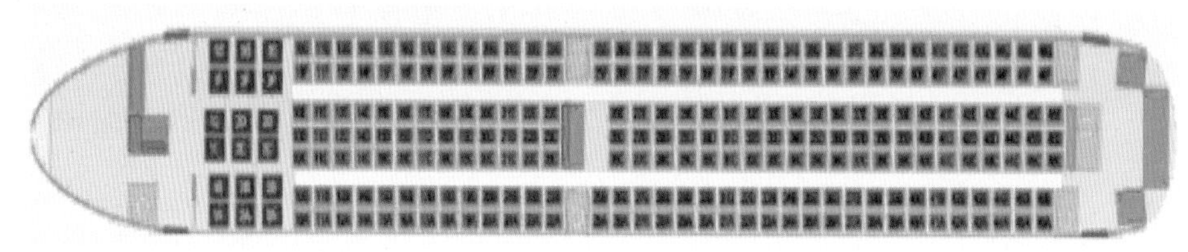

▸ B767 ER기종 좌석 배치도

6. 항공기 내부

1) Passenger Seat

Passenger Seat은 Seatbelt, Traytable, Armrest, Seat Pocket, Footrest, Seat Restraint Bar로 구성되어 있다.

(1) Armrest

좌석을 뒤로 젖힐 수 있는 Button이 장착되어 있고 음악 및 독서 등의 선곡과 음량을 조절하는 Switch, 승무원 호출 Button, Traytable이 장착되어 있다.

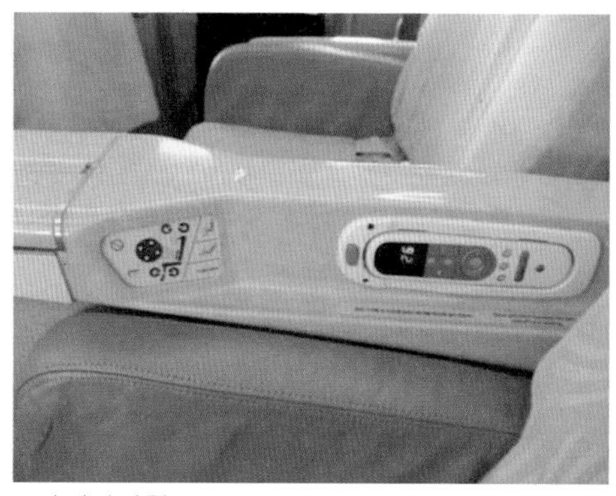

▸ 아시아나항공 F/C Seat

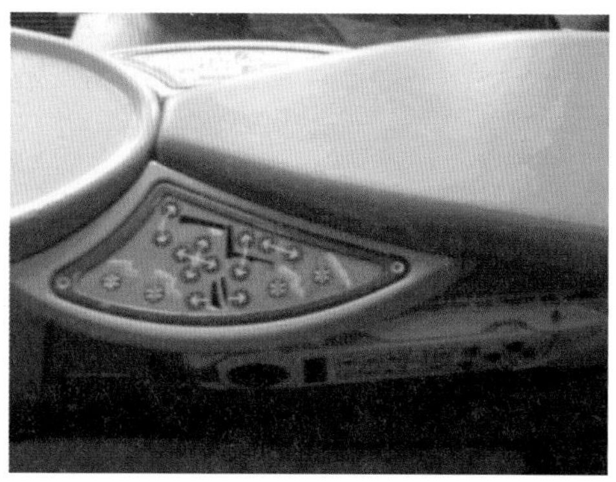

▸ 아시아나항공 B/C Seat

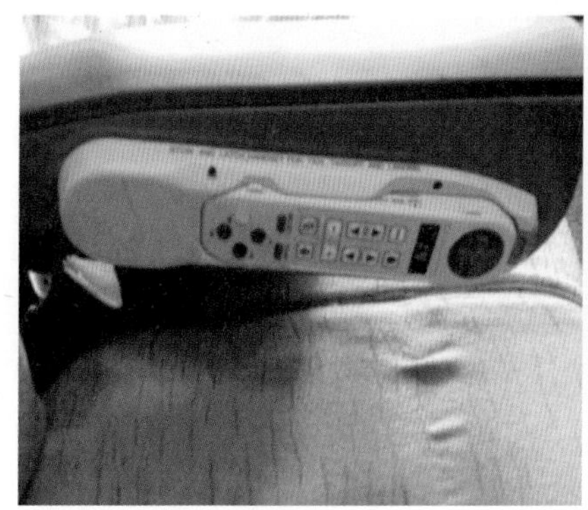

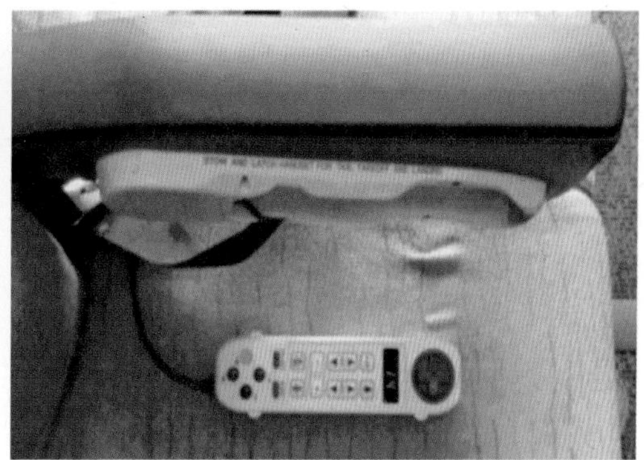

▸ 아시아나항공 E/Y(일반석) Seat

(2) Seatback

대부분의 좌석은 Armrest 내 Button을 눌러 좌석을 뒤로 기울이거나 원위치시킬 수 있다.

▸ 아시아나항공 B/C Seat 뒤로 젖혀진 모습 및 정위치

(3) Traytable

일등석(First Class) 및 이등석(B/C 좌석)은 Armrest 안에 장착되어 있으며 Armrest Cover를 연 후 Traytable을 꺼내서 펼친다.

그러나 일반석 좌석은 앞좌석 등받이에 있으며 Traytable은 아래로 내려서 사용하고, 사용하지 않을 때는 위로 올려 Traytable Latch를 이용하여 고정시킨다.

(4) Seat Pocket

앞좌석 등받이 밑에 있으며 항공사별 각종 잡지 및 인쇄물 등이 들어 있다.

(5) Footest

일등석과 이등석 좌석에 있으며 조절장치는 Armest에 있다.

▸ 아시아나항공 F/C

2) Jump Seat

Jump Seat(객실승무원 좌석)은 보통 비상시에 대비하여 각 비상구 주변에 위치하며 1~2명이 함께 앉을 수 있는 객실승무원 좌석을 말한다. Jump Seat 주변을 보통 Duty Station이라고 하며 사용 시에는 펴고, 사용하지 않을 때는 자동으로 접히게 되어 있다. 또한 Jump Seat에는 좌석벨트와 Shoulder Harness가 갖추어져 있고 주위에 승무원 간 연락 및 기내방송을 위한 인터폰, 그리고 좌석 밑에는 산소마스크, 소화기 등의 각종 비상장비가 있다.

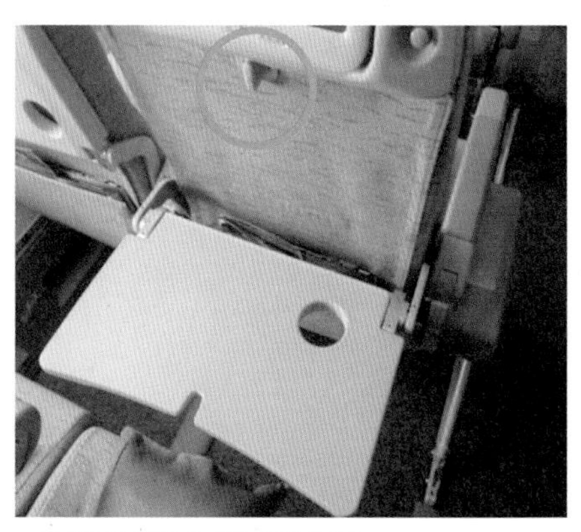
▸ 아시아나항공 E/Y(일반석)

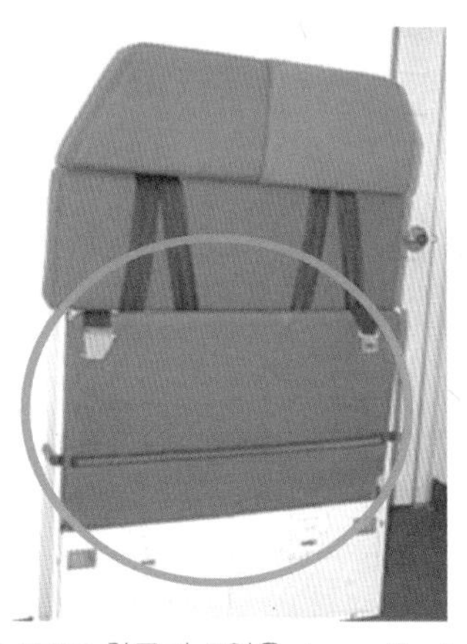
▸ B737 항공기 2인용 Jump Seat

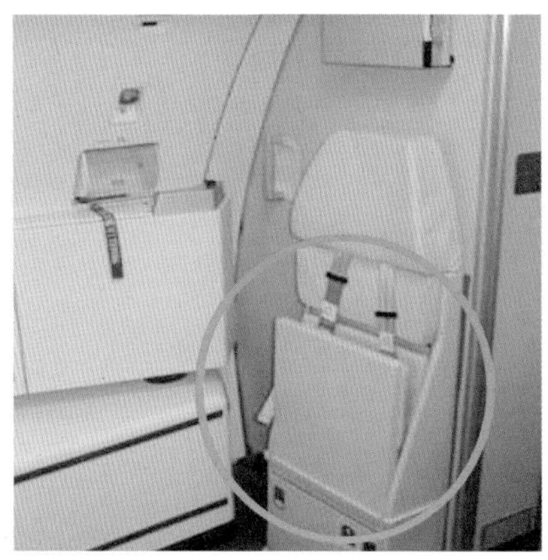
▸ A330 항공기의 1인용 Jump Seat

3) Storage Area

항공기 객실 내에는 승객의 수하물을 보관하는 장소가 있다. 보통 좌석 위 Overhead Bin, Closet 그리고 좌석 밑(Restraint Bar) 등을 이용할 수 있다.

(1) Overhead Bin

승객 좌석 머리 위쪽에 위치하며 승객의 가벼운 짐이나 코트 또는 승객이 사용할 담요 및 베개 등을 넣을 수 있다.

▸ A330 Open된 Overhead Bin(내부를 확인할 수 있도록 거울 부착)

(2) Closet

Closet은 주로 별도의 공간으로 마련되어 있으며 승객의 외투나 짐, 그리고 기타 승객의 서비스용품 등을 보관할 수 있다. F/C, B/C는 사진에서처럼 별도의 Closet이 준비되어 있으나 E/Y는 없다.

▸ 아시아나항공 B747 F/C Closet

▸ 아시아나항공 B777 B Zone B/C Closet

(3) 좌석 밑 Restraint Bar

일반석 승객의 짐은 좌석 밑 Restraint Bar에 보관할 수 있다.

Overhead Bin 개폐요령

승무원은 Overhead Bin을 열고 닫을 때 항상 주의를 기울여야 한다. 그 이유는 수하물의 낙하사고로 승객의 부상이 종종 발생하기 때문이다. 따라서 Overhead Bin Open 시 승무원들은 O.H.B 안에 보관되어 있는 물건이 떨어질 우려가 있으므로 천천히 열면서 다른 한 손으로는 늘 떨어질 수 있는 물건에 대비하도록 한다.

① O.H.B을 여는 올바른 방법

물건이 떨어지는 것을 막기 위해 왼손은 입구를, 오른손은 Locker를 잡고 살며시 연다.

② O.H.B의 잘못된 짐의 보관상태

③ O.H.B의 올바른 짐의 보관상태

4) Attendant Panel

Attendant Panel은 승무원 Jump seat 주변에 있는데 객실 내 조명, 커뮤니케이션 시스템, Boarding Music 등을 조절하는 장치가 설치되어 있다. Panel에서 Cabin Light Control(Ceiling, Window, Entry), Work light, Ground Service, Boarding Music 등을 조절할 수 있다.

▸ A321 Attendant FWD Panel

5) Communication System

P.A(Public Address)라고 하며 승무원 상호 간의 대화 혹은 승객에게 안내방송할 수 있는 시스템을 말한다. 전화기 모양이며 주로 승무원 Jump Seat 주위, 조종석, Bunker 등에 위치한다.

6) 주방(Galley)

승객에게 제공할 기내식 및 음료서비스를 준비하는 곳이다. Galley의 위치는 항공기 기종에 따라 차이는 있으나 보통 아래의 그림처럼 객실 내 앞, 중간, 뒤편에 위치하며 Oven, Coffee Maker, Water Boiler, 냉장고, Meal Cart, 음료 Cart, 각종 서비스용품을 보관하는 Container 등이 갖추어져 있다.

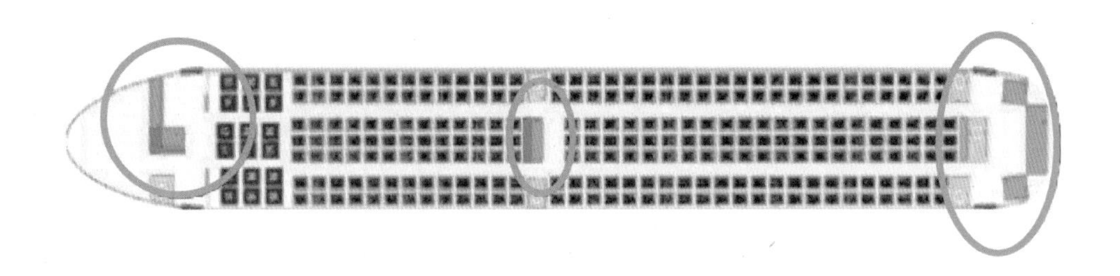

▸ B747 Galley 내부

▸ A330 Galley 내부

(1) Oven

Oven에는 Door, 온도조절장치, Circuit Breaker와 Timer로 구성되어 있다. Meal과 빵 등 기내식, 그리고 Towel 등을 Heating할 때 사용된다.

Galley Oven 작동법

- 전원 스위치를 켜고,
- Timer를 원하는 온도만큼 설정한다.
- 기설정한 조리시간이 종료되면 벨이 울린다.

다만, 사용 시 주의할 점은 작동 중에는 Oven Door가 닫혀 있어야 한다는 것이다.

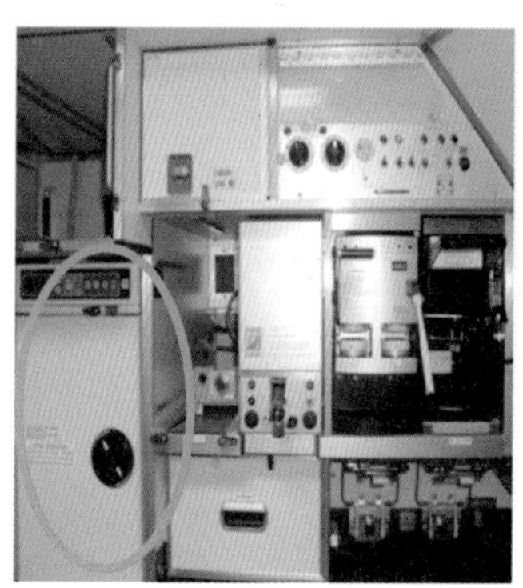

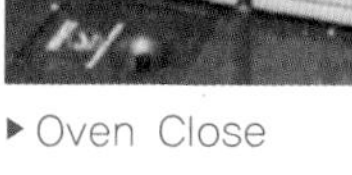

▸ Oven Close

▸ Oven Open

① B737 Oven Switch

② B747 및 B767 기종의 Oven Switch

③ A330 기종의 Oven Switch

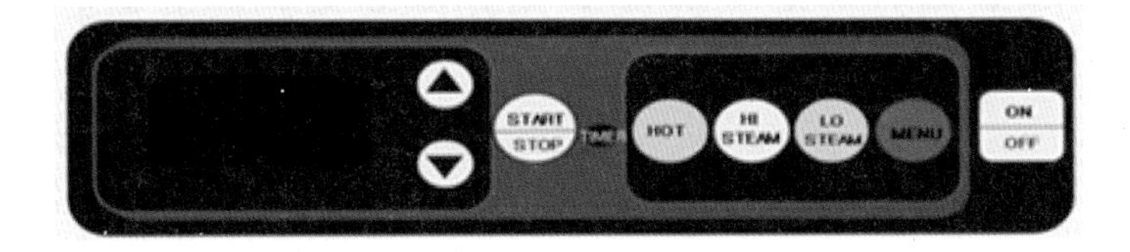

(2) Coffee Maker

모든 Galley에는 Coffee를 만들 수 있는 Coffee Maker가 설치되어 있으며 Control Button, Hot Plate, Coffee Pot으로 구성되어 있다.

(3) Water Boiler

Water Boiler는 필요시 Galley에서 뜨거운 물(Hot Water)을 만드는 장비이다.

(4) Refrigerator

항공기의 종류에 따라 냉동, 냉장을 선택할 수 있는 Refrigerator가 Galley 내에 설치되어 있다.

▸ Refrigerator Close

▸ Refrigerator Open

(5) Drain

기내 오수 배출을 위한 배수관으로 사용된 물을 버리는 곳이다. 그러나 승객들이 마신 음료(커피, 사이다, 콜라 등)를 배수관에 버리면 끈끈한 액체물로 변해 종종 막히는 게 문제여서 물 외에는 버리지 않는다.

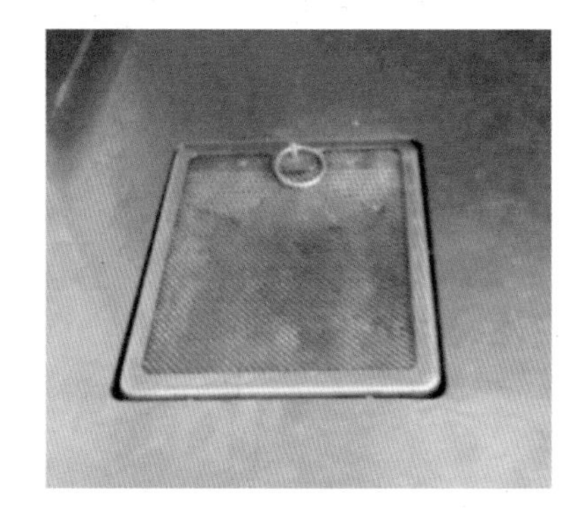

Drain Mast의 역할

B747-400 PAX 기종인 경우 총 3개의 Drain Mast가 항공기 동체 하부에 장착되어 있으며, Drain Mast의 빙결을 방지하기 위하여 자체 Heater가 작동되고 있다. Drain Mast는 기내 Galley의 Sink, Lavatory Sinkin 등의 Waste Water, 그리고 Floor Drain Hole 등의 Galley Waste Water 등을 항공기 외부로 배출시키는 역할을 한다.

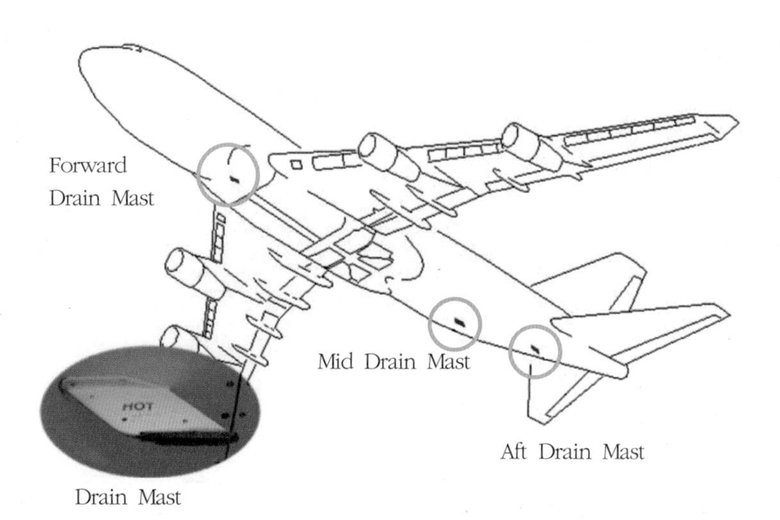

(6) Trash Compactor

기내 모든 Galley에는 쓰레기통이 설치되어 있고, 쓰레기를 압축시켜 쓰레기 부피를 줄이는 Trash Compactor가 설치되어 있다. 과거 장거리 비행기에는 쓰레기 발생 시, Large 비닐 등을 사용하였으나 제한된 기내 공간에 의한 보관상의 문제로 어려움이 있었다.

(7) Compartment

Galley 내 주요 서비스용품인 기용품(소모품, 기물)과 면세품을 보관하는 공간을 말한다. 기내 소모품이란 기내에서 승객에게 제공되거나 사용하는 서비스용품으로 그 품목만도 430개나 된다. 또한 기내 기물은 기내에서 사용하는 여러 종류의 서비스 도구로 250개의 품목이 있다.

면세품은 승객들이 시중보다 싸게 구입할 수 있는 상품으로 기내에서 판매하며 그 종류는 항공사별로 다르다. 국내 A항공사의 경우 480개 품목, K항공사의 경우 600개 품목을 기내에서 팔고 있다.

• 각종 음료 및 기내식 보관장소

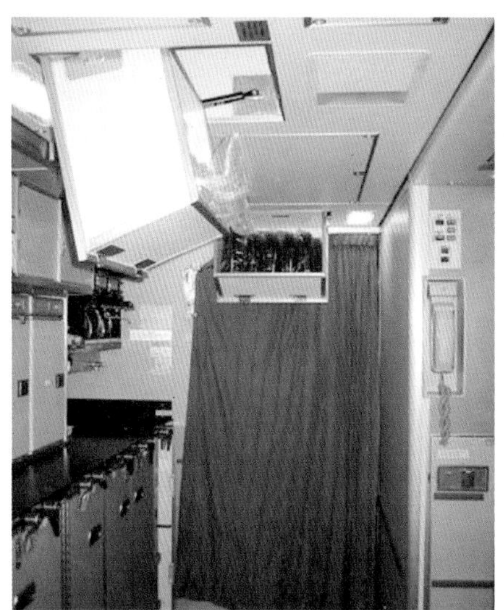

▶ 기내 Galley Ceiling에는 가벼운 재질의 컵 등을 보관할 수 있는 보관장소가 별도로 있다.

참고사항

면세품은 각 항공사별 주요 수입원 중 하나이다. 국내 항공사들의 면세품 판매 매출액은 대략 1,000~2,000억 원이다. 이러한 기내 면세품 판매도 승무원들의 Duty이며 해당 각 편수별 매출 목표액이 정해져 있다. 연말 매출 목표액 달성 여부도 그 해당 비행팀의 주요 평가항목에 포함된다. 많이 판매하면 항공사별 월급 이외에 인센티브가 승무원 개인별로 주어지는데 그 액수 또한 적지 않다.

탑재되는 면세품의 품목은 A항공사의 경우 480개, K항공사의 경우 600개로 술, 화장품, 향수, 전자제품, 보석, 레저용 고급 스포츠제품 등으로 다양하며 시중과도 가격 차이가 많아 대부분의 승객들은 선물 및 본인 사용 등을 목적으로 구매하고 있다. 물론 면세품은 공항터미널 Air Side 내에서 구매할 수 있으나 들고 다니는 등 이동상의 불편으로 많은 승객이 기내를 주로 활용하고 있다. 그러나 기내라는 제한된 공간으로 인하여 시내 및 공항 면세점보다는 품목 및 수량이 적으므로 본인이 원하는 품목을 사전 문의하여 구매하는 것이 좋다.

기내에서는 노선별로 탑재품목 및 수량이 제한되어 있는데, 그 이유는 운항의 영향(기류 등)과 기내 다른 서비스의 시간을 고려하여 판매하는 시간이 충분하지 않기 때문이다.

A항공사의 경우 이러한 승객들의 불편함을 없애기 위하여 사전주문제도를 시행한다. 사전주문제도란 승객의 주문을 사전에 받아 원하는 편수에 구매 면세품을 탑재해 주는 편리함으로 인해 승객이 외국에 나가서도 가지고 돌아다니는 불편함이 없도록 한 판매방식이다.

(8) Container 및 Carrier Box

모든 Galley에는 서비스용 음료수나 기내용품을 보관하는 장소로 Container 및 Carrier Box가 탑재된다.

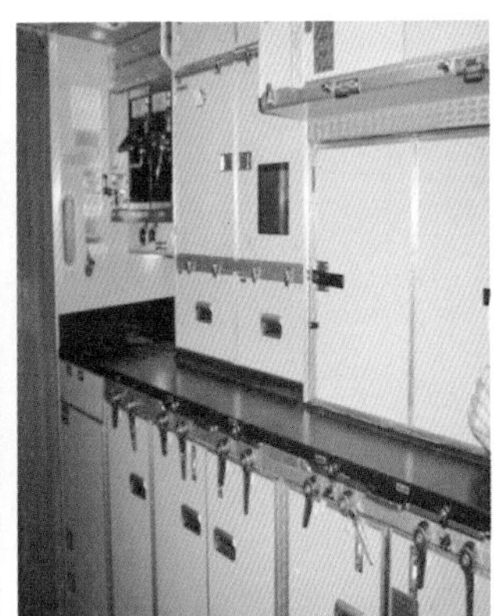

(9) Latch

Stowage Compartment, 휴지통, Carry-On Box, Cart를 고정하는 장치이다.

(10) Cart

식사와 음료 SVC, 기내판매 SVC 및 기용품 보관을 위해 사용된다. 카트의 종류로는 Beverage Cart, Meal Cart, Sales Cart, Serving Cart 등이 있다. 비행 중 기체 흔들림으로 인해 Cart에 의한 승무원 또는 승객 부상의 위험이 있으므로 주의해야 하며 사용하지 않을 때에는 Galley 내에 보관해야 한다. 객실 내에서는 Cart 운반 시, 가급적 2명의 승무원이 앞뒤에 위치한 상태에서 서비스 및 운반하도록 하고 있다.

▸ Business Class Meal Cart

▸ Bread Cart for F/C, B/C

▸ Economy Class Meal Cart

▸ Beverage Cart

▸ Wine Cart

▸ 면세품이 탑재된 카트

(11) Circuit Breaker

Coffee Maker나 Oven 등 전기 설비가 되어 있는 모든 Galley에 Circuit Breaker가 설치되어 있다. 전기 과부하가 발생하면 해당 Circuit Breaker가 튀어나와 전원 공급을 차단시키는 역할을 하며 전원의 재연결 시에는 과열현상을 제거한 후 Circuit Breaker를 누른다.

7) Lavatory

항공기는 대부분의 항공사가 거의 동일한 형태로 운영하였으나, 최근 각 항공사별로 고급화 및 차별화 전략이 두드러지는 추세이다.

보통 화장실의 위치는 항공기 종류에 따라 다르며 항공기의 전방, 중앙, 후방에 각각 위치한다. 화장실 내에는 변기, 거울, 세면대, 승무원 호출 Button, Smoke Detector, 휴지통이 있으며, 화장실 내 Return To Seat Sign은 Fasten Seat Belt Sign이 켜지면 자동으로 켜지게 되어 있다. 잠금장치를 사용하여 문을 잠그면 'Occupied'라는 표시를 외부에서 볼 수 있고, 잠금장치를 열면 'Vacant'가 표시된다. 화장실 Door의 'Occupied' 표시를 뾰족한 물건을 사용해 'Vacant' 쪽으로 위치시키면 Door를 외부에서 개방할 수 있다. 참고로 화장실은 기내에서의 사각지대로 승무원들의 지속적인 관찰이 필요한 지역이다.

화장실에는 감압 시 원활한 산소공급을 통해 승객의 안전을 확보하기 위한 산소마스크 2개가 화장실 천장에 장착되어 있다. 감압에 대비하여 1개는 유아용이며 다른 1개는 보호자를 위해 설치되어 있다.

▸ 통로에서의 화장실 내부 모습

▸ 화장실 내부에서의 Door 잠금장치

▸ 화장실 사용 중일 때의 안내 표시등

▸ 화장실 내부

8) Bunk

승무원들이 장거리 비행 시 교대로 쉴 수 있는 휴식공간으로 기종에 따라 후방 및 중간에 위치하며 승무원들이 쉴 수 있는 침대와 독서등, 그리고 비상장비 등을 갖추고 있다. 보통 Bunk가 장착된 기종은 B747-400, B777-200, A300-200 등이다.

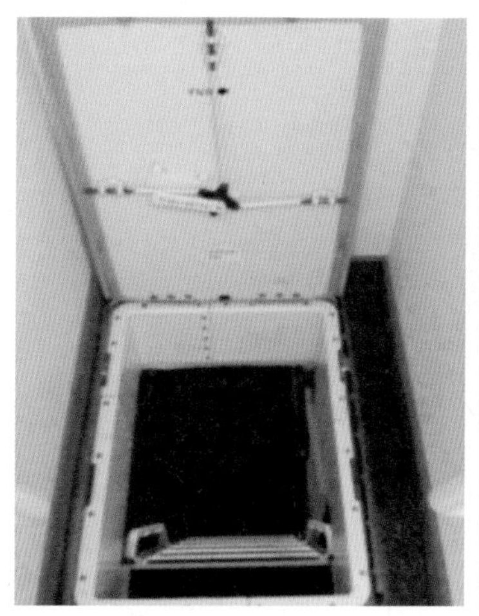

▸중간 Zone 지역 내 Bunk 출입구

▸Bunk 실내

제3절 각 항공기의 기종별 특징

1. A321/A320

1) 개요

(1) A321-100/200

좌석은 170~200석이며 회사별 서비스 정책에 따라 좌석 수가 다를 수 있다.

비상구는 총 8개, Slide Raft 수는 4개, Slide 수 4개(NO 2, 3 Door)이다.

국적사 및 LCC 항공사에서 동 기종을 가장 많이 보유 중이며 국제선/국내선을 운항한다.

보통 국제선에서는 거리 제한으로 일본, 중국 그리고 동남아 노선까지는 운항이 가능하다.

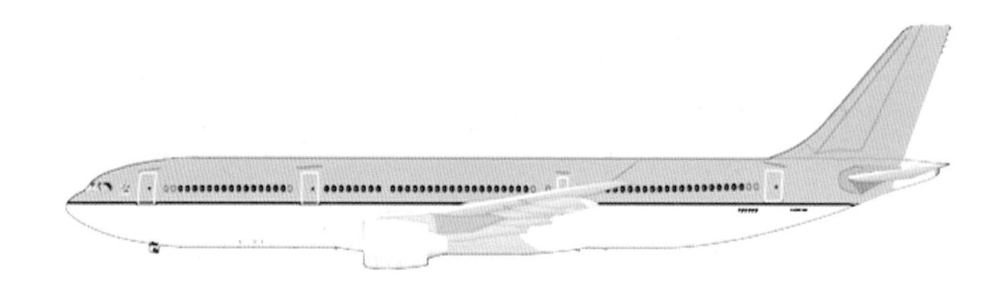

(2) A320

현재 운항 중인 320 항공기의 좌석은 140~160석이나 항공사별로 서비스 정책에 따라 좌석 수가 다르다. 국적사 및 저가항공사에서 보유 중이며 국내선과 국제선을 운항한다.

321-100/200보다는 다소 사이즈가 작으나 일본, 중국 그리고 동남아를 운항할 수 있다.

총 비상구 수는 8개(over wing exit 포함), Slide Raft 수는 4개(각 Main door에 장착) 그리고 Slide 수는 2개(over exit)이다.

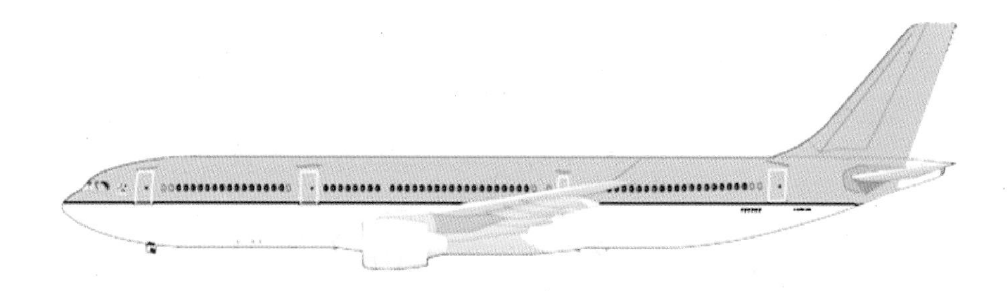

2) 탑승인원

국제선은 7명으로 운영하고 국내선은 4명으로 운영한다.

3) 화장실(Lavatory)

- A321-100 및 200 : 총 4개(FWD 1ea, AFT 3ea)
- A320 : 총 3개(FWD 1ea, AFT 2ea)

화장실에는 화재를 진압할 수 있는 장비들이 설치되어 있다.

주요 구성품으로는 Smoke detector, Trash bin hatch, Fire extinguisher 그리고 Temperature indicator가 있다.

Smoke detector는 화장실 천장에 설치되어 있는데 화재 발생에 따른 연기가 감지되면 자동으로 소리(horn)가 발생한다.

과거에는 기내 화장실에서 승객이 담배를 피우다 hone이 울리는 경우가 종종 있었으나 요새는 승객들도 많이 인지하고 있고 기내에서의 승무원들의 적극적인 안내로 담배를 피우는 승객은 거의 없는 편이다.

만약 승객이 기내에서 담배를 피울 경우 승무원은 적극적으로 제지해야 한다.

Smoke detector가 연기를 감지하면 Horn이 울리고 Amber light가 켜진다.

화장실에서 horn 소리가 나면 근처에 있는 승무원들은 즉시 화재 진압을 해야 한다.

Smoke detector의 horn을 끄려면 Green light 옆에 있는 작은 hole에 볼펜과 같은 뾰족한 것으로 누르면 꺼진다.(사진 참조)

승무원은 지상에서 smoke detector가 작동하는지 반드시 점검해야 한다.

아울러 쓰레기통 뚜껑(Trash bin hatch)은 항상 자동으로 닫힐 수 있도록 되어 있다.

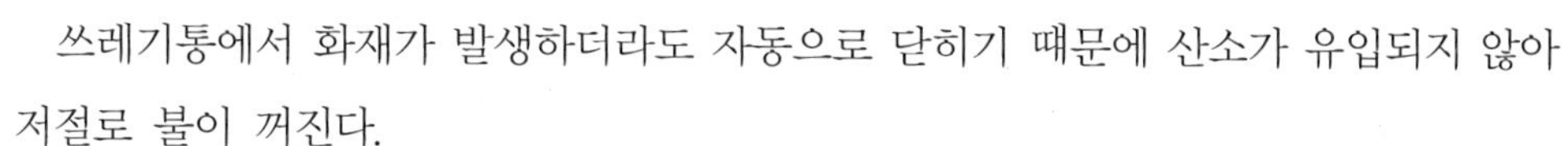

쓰레기통에서 화재가 발생하더라도 자동으로 닫히기 때문에 산소가 유입되지 않아 저절로 불이 꺼진다.

또한 자동으로 닫히기 때문에 발생한 가스도 밖으로 새어 나오지 않는다.

따라서 승무원들은 화장실 내 쓰레기통 뚜껑(Trash bin hatch)의 이상유무를 확인해야 한다.

화장실 내에서 불을 끌 수 있는 장비로는 Heat activated halon과 fire extinguisher가 있다.

두 개의 노즐이 쓰레기통 내부를 향하고 있는데 두 노즐의 끝은 Sealing되어 있다. 이 sealing은 80℃ 이상의 열에서 녹는데 녹으면서 extinguisher 내부에 있는 halon이 자동으로 분사된다.

4) 주방(Galley)

주방은 전방(FWD)과 후방(AFT)에 주방(GLY)이 각각 1개씩 설치되어 있으며 위에는 컨테이너(Stand unit)를, 밑에는 카트(cart)들을 보관할 수 있고 중간에는 오븐이 설치되어 음식을 heating할 수 있다.

5) 물품 보관

기내에서 승객의 물품을 보관할 수 있는 공간으로 옷장(closet), 좌석 밑(under seat), 선반(overhead bin) 등이 있다.

6) Jump Seat

승무원이 앉는 좌석은 앞, 중간 그리고 후방에 설치되어 있다.

비행 중 난기류 등으로 기체가 흔들리면 서비스 중이라도 지정된 좌석에 착석하여 Seat belt와 Harness belt를 착용해야 한다. 보통 항공기가 흔들리는 경우 기장은 방송으로 승객들에게 안내를 하며 승무원들에게도 착석을 지시한다.

▸ 1인 좌석

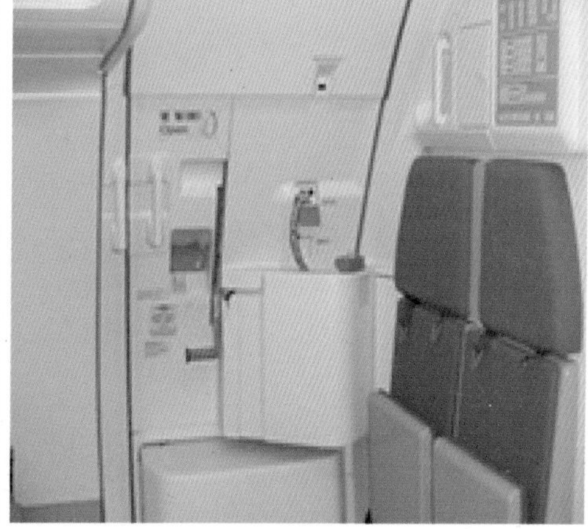

▸ 2인 좌석

7) 객실승무원 패널(Panel)

A320 기종의 패널 위치는 L1 Door 옆에 있으며 다음과 같은 기능이 있다.

- Lighting system : 기내 전등을 조절할 수 있다.
- Pre-recorded 방송 : 때때로 사전에 녹음된 방송을 기내 방송으로 대체할 수 있다.
- Temperature Check : 기내 온도가 표시되며 조절할 수 있다.
- Boarding Music On/Off : 승객의 보딩 또는 하기 시 음악을 on, off할 수 있다.
- Water Quantity Check : 기내 사용 가능한 물의 양을 알 수 있다.

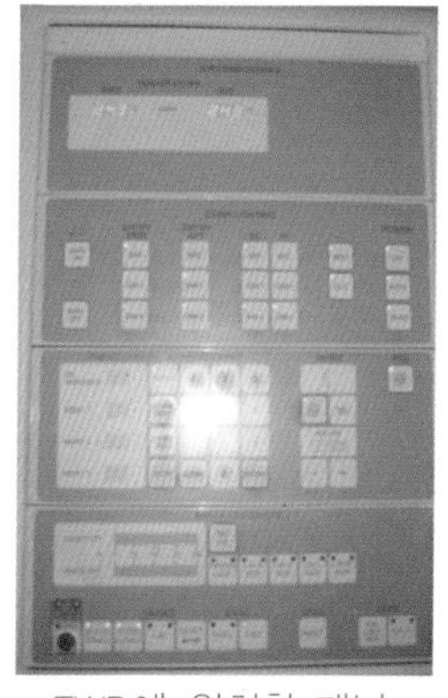

▸ FWD에 위치한 패널

- ELS(cabin, cockpit)를 켜면 항공기 내/외부 light가 켜진다.
- EVAC CMD : 비상상황 명령체계 전달
- Call Reset

▸ AFT에 위치한 승무원 패널

▸ Intercommunication Headset & Passenger Address Microphone

Intercommunication headset은 L4 door 옆에 위치하며 주요 기능으로는 Call system, Lighting system 그리고 EVAC horn 등이 있다. 또한 승무원들 간의 대화를 위한 장비이며 평상시에는 승무원들 간의 의사소통에 쓰인다. 그러나 비상상황 발생 시 상기 phone으로 상황을 전파해야 한다. 보통 때에는 승객 안내방송 또는 Slide mode 변경 후 응답시에 사용한다. 또한 비상탈출 시 승객 안내용으로 적극 활용해야 한다.

8) Passenger Service Unit

PSU는 각 승객 좌석별 상단에 있으며 각각의 구성품은 다음과 같다.

- Attendant Call : 승무원 호출(light)
- Reading Light : 독서등
- Seat Belt Sign : 좌석벨트 on /off sign
- No Smoking Sign : 금연 표시등
- O_2 Mask : 비상시 O_2마스크는 자동적으로 내

려온다. 평상시에는 unit 안에 숨겨져 있다.

- Gasper Outlet : 기내 공기 배출기로 시원한 바람이 나온다.
- Speaker

9) Cabin Indicator Panel

승무원 간 호출신호로 벨이 핑크색으로 변하면서 '딩'음이 2회 울릴 경우 승무원은 즉시 인터폰을 받아야 한다.

승객이 승무원을 호출할 시 블루색으로 변하면서 '딩'음이 1회 울리면 승무원은 호출하는 승객의 위치 확인과 동시에 호출 승객과 인접한 승무원은 해당 승객에게 이동한다.

LAV Call은 화장실에서 승객이 승무원을 호출할 때 사용하는 벨로 Amber색과 짧은 소리의 '딩'음이 1회 울린다.

Seat belt sign ON/OFF 시 짧은 소리의 '딩'음이 1회 울린다.

10) LAV Call System

각 화장실 밖의 문 위에 있으며 Reset은 ATP에서 Call Reset Button을 누른다.

11) Lighting System

객실 내에서의 조명은 Work/Entry Light, Window Light, Ceiling Light가 있으며 ATP(승무원 패널)에서 조절이 가능하다. 그러나 Reading Light는 각 PSU에서 조절한다.

Emergency Lighting System은 비상 탈출 시 항공기 내부, 외부에 조명이 들어오며 탈출로를 보여준다.

2. 737

현재 전 세계 항공사에서 가장 많이 사용되는 소형기종이다.

항공사별로 다르나 보통 160~170석이며 통로는 1개이고 좌우로 3개 좌석씩 배열되어 있다.

주로 중단거리 노선, 즉 일본 및 중국 그리고 일부 동남아 노선으로 활용되는 기종이다.

1) Door

전면에 처음과 끝에 보이는 것이 Main Door이고 가운데 작은 것이 over wing exit로 양쪽에 2개씩 총 4개이다. 이 기종에는 slide만 4개로 각 도어에 장착되어 있다.

2) Slide

Slide는 비상착륙 시 항공기로부터 탈출할 수 있게 하며 바다에 착수 시 Floating되어 생존 가능성을 높여준다. 바다에 착수 시 Slide는 본래 착수 시 탑승이 불가하나 노약자나 환자, 어린이 등에 한에서 예외적으로 탑승시킬 수 있다.

Slide raft는 boat 기능을 겸한 비상장비로 각 Slise raft에 탑승 가능 인원이 제한되어 있다.(상세 설명은 7절 비상착수 참조)

3) 객실 내부

객실은 1개 통로에 좌우 각 3열 좌석과 overhaed bin으로 구성되어 있다.

▸ 객실 내부

4) Galley

앞 주방(FWD Galley)은 1~2명, 뒤 주방(AFT Galley)은 2~3명 정도가 일할 수 있는 공간 정도로 작고 좁다.

음료 및 음식 카트가 보관되고 커피 등을 준비할 정도의 시설만 갖추어졌다.

5) Jump Seat

Jump seat은 승무원이 앉는 의자로 탑승구 근처에 위치하며 앞쪽은 2명이, 뒤쪽은 1명 또는 2명씩 앉도록 구성되어 있다.

6) Flash Light

Jump seat 밑에 비상시 사용할 휴대용 light가 위치하며, 비상시 자동적으로 내려오는 O_2마스크를 오픈할 수 있는 MRT Open Tool이 함께 위치해 있다.

항시 Pre Flight check에서 정위치가 되어 있는지 확인이 필요하며 Power lamp가 3~5초 간격으로 깜빡이는지 확인해야 한다.

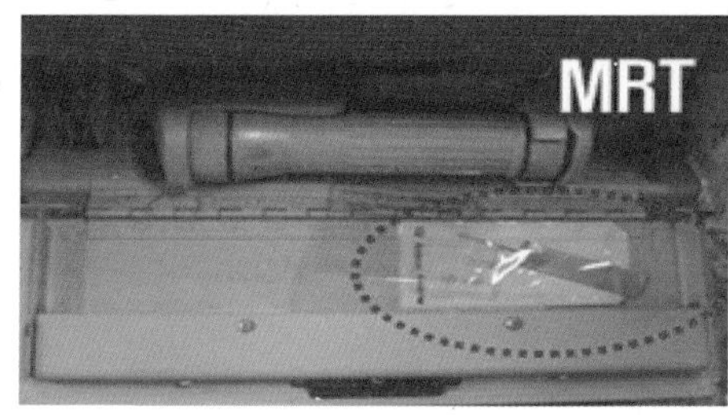

▸ Jump seat 밑에 MRT

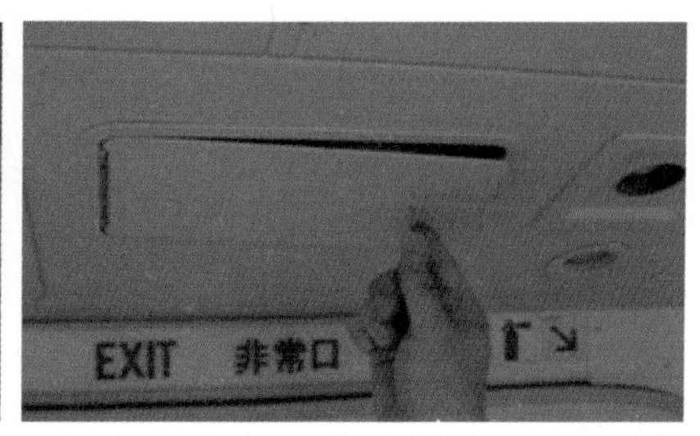

▸ O_2마스크를 open하기 위해 MRT를 사용

7) Cabin Call Light

비상구를 가리키는 천장 라이트에는 3가지 기능이 있다.

승무원을 호출하는 pink, 승객이 호출하는 blue 그리고 화장실에서 승무원을 호출하는 Amber로 구분된다.(p.76, "12) Exit"의 그림 참조)

8) PSU(Passenger Service Unit)

승객 좌석 위에는 여러 편리한 기능이 모아진 시스템들이 있다.

Panel상에는 승무원 호출(Attendant call), 좌석벨트 사인(Fasten seat belt sign), 독서등(Reading Light), 금연사인(No smoking sign), 산소마스크(O_2 Mask), 공기순환(gasper outlet), 스피커(speaker)가 있다.

9) Light 시스템

Light는 Entry, Work, ground service, window, Ceiling(night, off, dim, bright), 비상벨, Call system(Captain Attendant, Reset) 등으로 구성되어 있다.

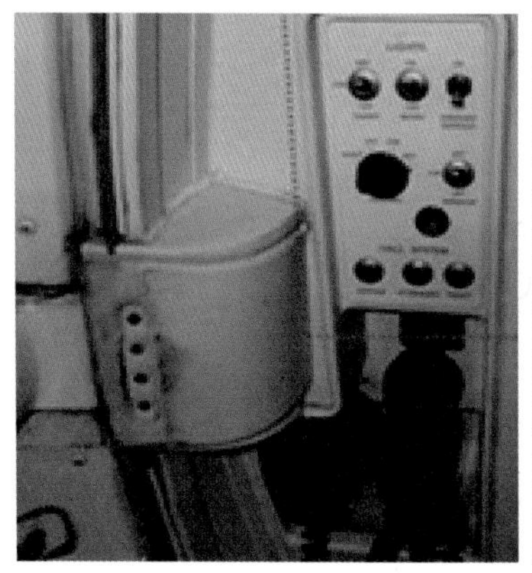

▸ B737 Light System

10) Communication System

승무원 간 Panel system은 승무원 간에 통화하는 전화기 형태의 headset와 승객에게 방송을 전달하는 PA(public address) 형태의 2가지가 함께 놓여 있다.

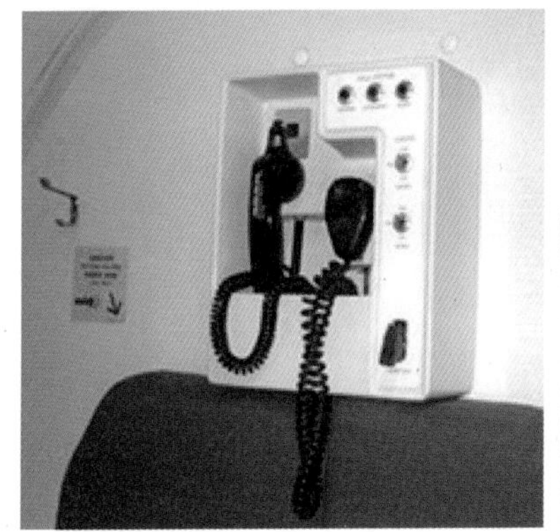

▸ Panel System

▸ 승무원 간 통화 시

▸ 승객에게 안내방송 시

승무원 간의 대화는 사진처럼 수화기 안쪽의 버튼을 누른 상태에서 대화하면 된다.

승객에게 방송하려면 마이크 옆면에 튀어 나온 버튼을 누른 상태에서 내용을 전달한다.

11) 비상벨(Emergency Call) 위치

각 갤리(Galley)별 상단에 위치하거나 ATT Panel 그리고 Jump seat 좌석 옆에 있다.

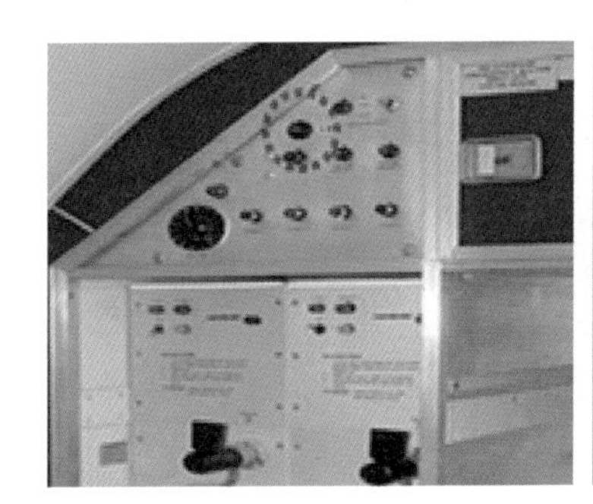

▸ Galley 오른쪽 상단

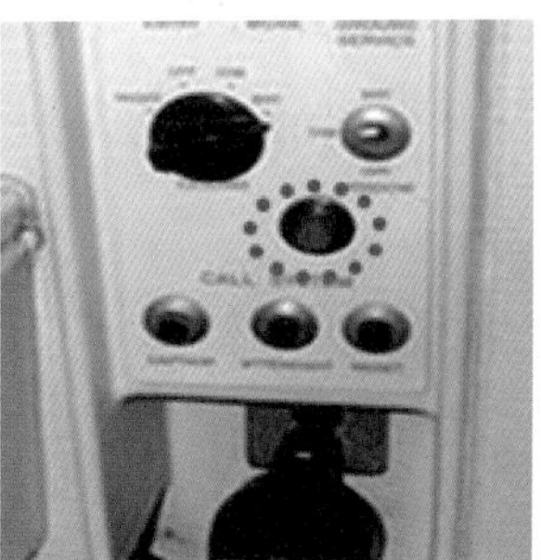

▸ FWD Panel

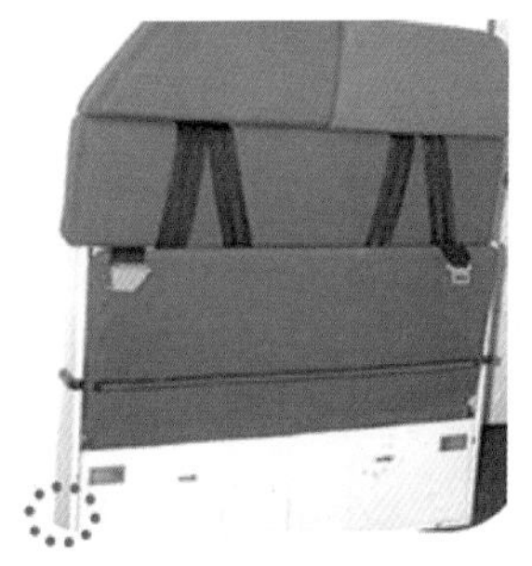

▸ Jump Seat 하단

12) Exit

Exit은 기내 천장(Ceiling)에 부착되어 있으며 승무원 간의 호출은 pink, 승객 간의 호출은 blue 그리고 화장실에서의 호출 시 Amber가 들어온다.

3. 767

1) 항공기 제원

- 좌석 수 : 260개(B/C 18ea/EY 242ea)
- 평운항속도 : 853km/h
- 높이 : 15.85m
- 길이 : 48.51m
- 최대운항거리 : 12,779km
- 최대이륙무게 : 184,612kg
- 최대운항고도 : 13,137m
- 날개폭 : 47.57m
- Door는 4개의 main door와 4개의 overwing exit door가 장착

2) 승무원 Panel

FWD ATP(Attendant Panel)는 L1 Door 인접 Jump seat 상단에 있다.

▸ FWD Jump Seat

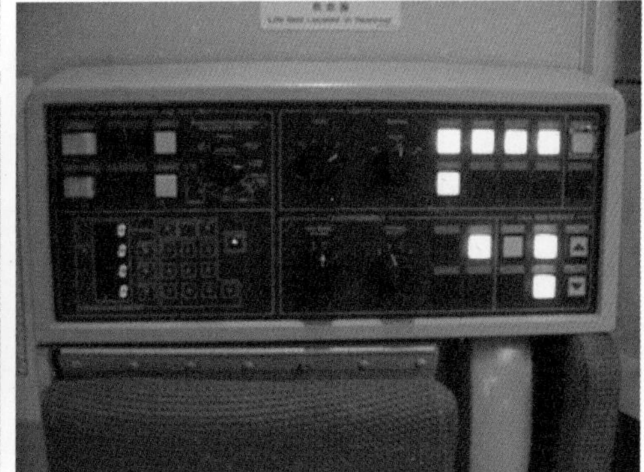

▸ Att Panel System

Panel의 주요 기능

- Cabin light switch : 객실 내 전등 on, off 스위치
- Passenger entertainment system power switch
- Reading light(독서등)
- Passenger service system power switch
- Entry light: Left/right control switch
- Boading music control and channel selector
- Master call reset
- L1 Door up/down switch
- Pre recorded announcement system controls
- Emergency light switch

3) Additional Attendant Panel

AAP는 R2 DOOR Jump seat 상단에 있으며 주요 구성 및 기능은 다음과 같다.

- Emergency light test S/W
- Water quantity gauge
- Left/Right entry light S/W
- Cabin light S/W

- LAV tank S/W
- Sensor off S/W

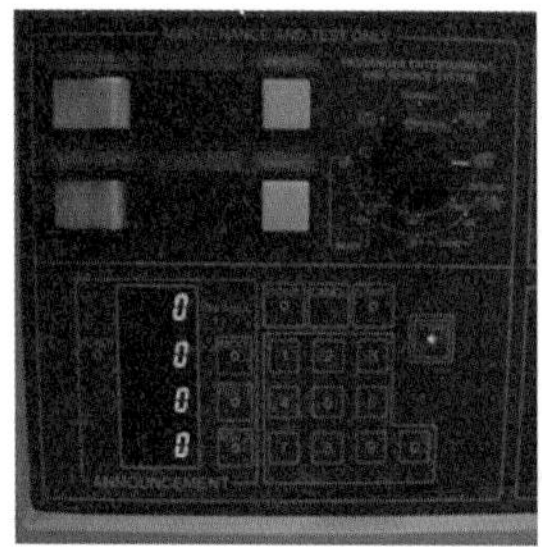

▶ FWD ATP

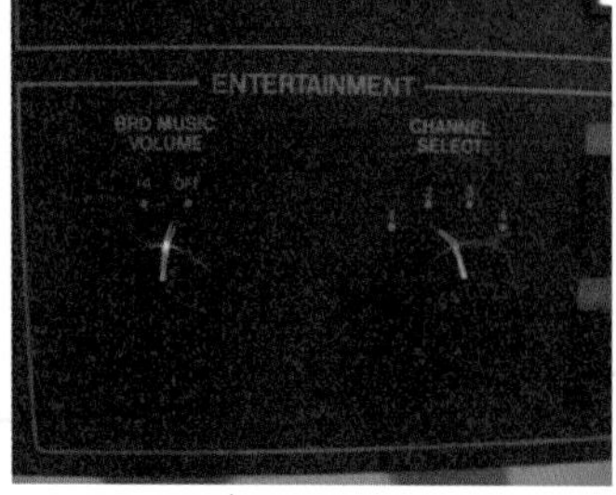

▶ Boarding Music Volume Control

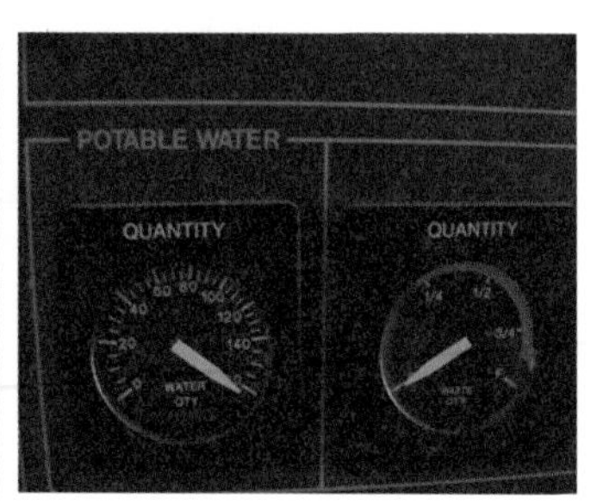

▶ Water Quantity Gauge

4) Communication System

각 Jump seat 상단에 위치하고 있으며 다음과 같은 상황에서 사용한다.

- FWD, MID, AFT의 각 crew에게 연락할 때
- All Zone 및 zone별로 PA방송을 할 때
- 기장(Cockpit)과 연락할 때
- 비상상황을 전파할 때

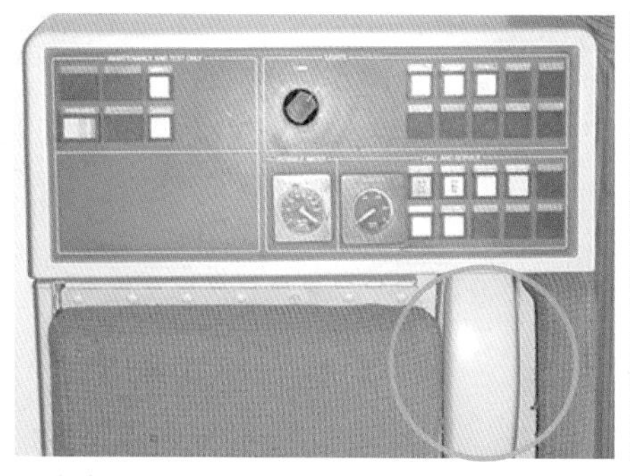

▶ 전체 Panel

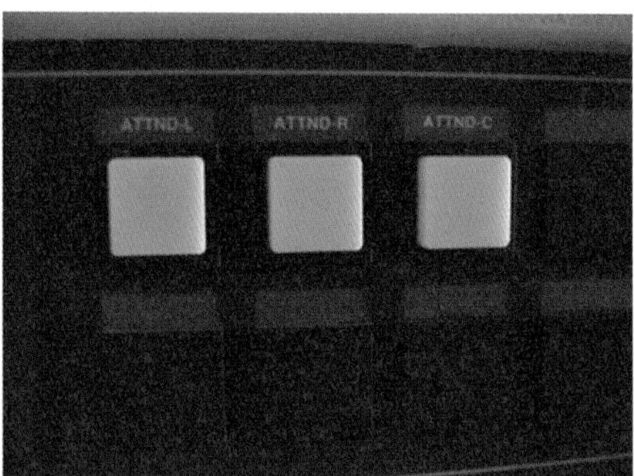

▶ 각 Crew Station Button

5) 승객서비스 Panel

- PSU(Passenger Service Unit)

  각 승객 좌석별 팔걸이와 좌석 상단에 설치되어 있고 주요 기능으로는 Reading light, No smoking sign, O_2마스크, 승무원 Attendant call, Fasten seat Belt sign passenger entertainment Channel & volume, Speaker가 있다.

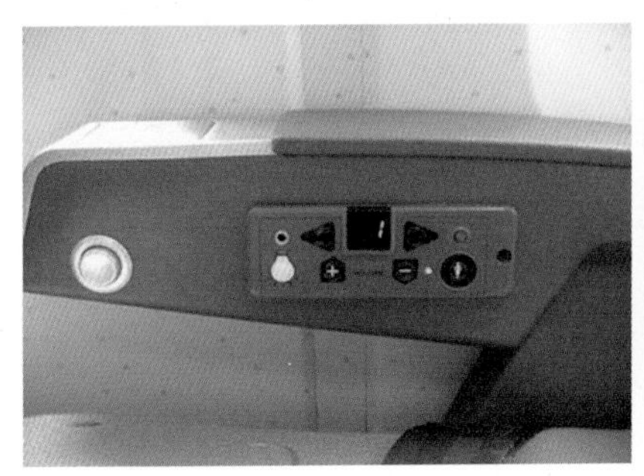

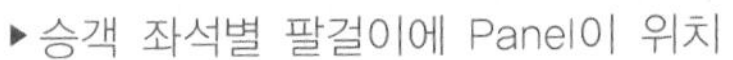

▸승객 좌석별 팔걸이에 Panel이 위치

▸개인별 좌석 머리 위에는 독서등이 위치

- Lavatory call system

  각 화장실 안 벽면에 장착되어 있으며 Call button을 누르면 '딩' 소리와 함께 Call light panel이 Amber light로 바뀌면서 해당 화장실 상단의 Button에 불이 켜진다. Reset은 해당 화장실 상단의 button을 누르거나 FWD attendant panel(ATP)에서 Master call reset button을 누르면 light가 reset된다.

- Call light panel

  FWD/MID/AFT ceiling에 부착되어 있는데 Call system 작동 시 '딩' 소리와 함께 Light가 켜진다.

  - 승무원 간 호출은 Pink light가 2번의 '딩(High Low)' 소리와 함께 켜진다.
  - 승객 간 호출은 Blue light가 '딩(Hi)' 소리와 함께 켜진다.
  - 화장실의 호출은 Amber light가 '딩(Hi)' 소리와 함께 켜진다.

▸call light panel system

4. 777

- 보잉사(Boeing)에서 1990년대에 제작한 기종으로 9만 5천 파운드의 추진력을 가진 2대의 엔진을 장착하여 14시간 논스톱 운항이 가능하도록 제작되었다.
- B777-200의 최대이륙 무게는 287톤이며 최대 300명가량의 승객을 탑승시킬 수 있다.

1) 항공기 제원

- 좌석 수 : 300석
- 최대운항거리 : 14,816km
- 최대운항고도 : 13,137m
- 날개폭 : 60.9m
- 평균운항속도 : 896km/h
- 최대이륙무게 : 286,897kg

현재 양 국적사에서 보유 중으로 아시아나항공에서는 9대를 보유 중이다.

B777은 통상 2 class로 운영 중이며 앞좌석(파란색)은 B/C로 나머지 붉은색은 E/Y 석으로 운영 중이다.

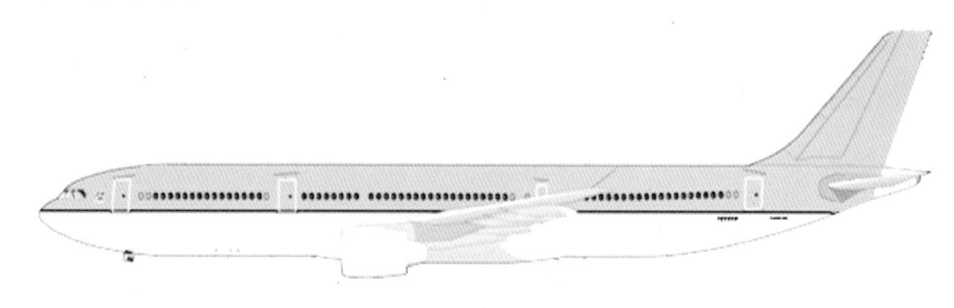

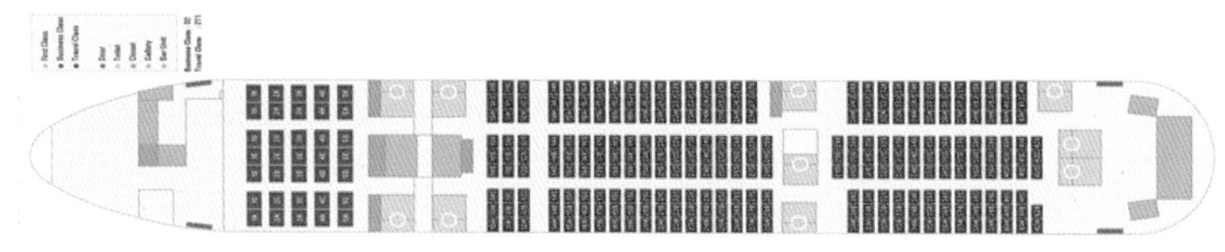

▸B777 좌석배열도

탑승 승무원은 보통 국제선의 경우 13명 그리고 국내선의 경우 8명이 탑승한다. 그러나 일부 항공사에서는 아래와 같이 3class(F/C, B/C, E/Y)를 운영하기도 한다.

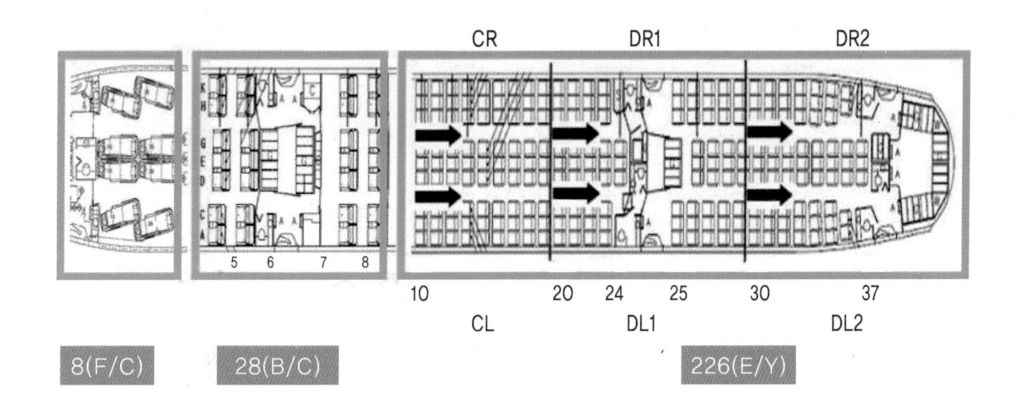

2) 화장실

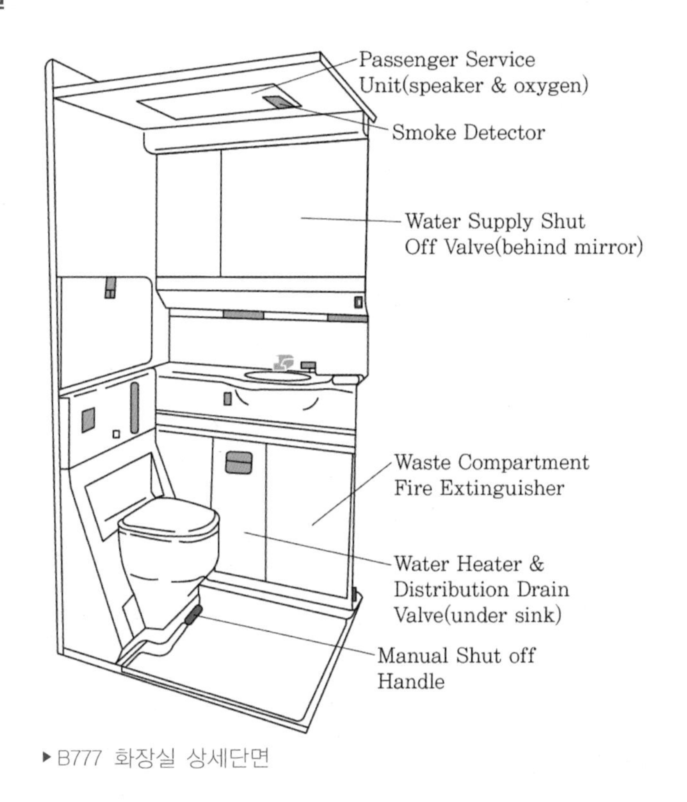

▶ B777 화장실 상세단면

• 화장실 내 주요 점검사항 4가지

①	②	③	④

① Smoke Detector : 녹색 Light 켜져 있는지 점검한다.

② Fire extinguisher : 노즐 끝이 Trash bin을 향해 있다.

③ Temperature Indicator : 은색 동그라미 네 개로 구성되어 있으며, 검은색으로 변해 있지 않은지 확인. 80℃ 이상일 때 동그라미의 색이 변하게 되어 화재유무를 알 수 있다.

④ Trash bin hatch : 뚜껑의 스프링이 제대로 작동하는지 점검한다. 뚜껑의 작동이 화재 진압에 상당히 중요하다.

3) Jump Seat

비행 중요단계에서 안전활동을 하는 승무원을 제외한 모든 승무원들은 Jump seat에 착석해야 한다.

▸ FWD L1 Door Jump Seat

4) 객실승무원 Panel(Cabin System Control Panel)

L1, L2 door 옆 Jump seat 상단에 있으며 주요 기능은 다음과 같다.

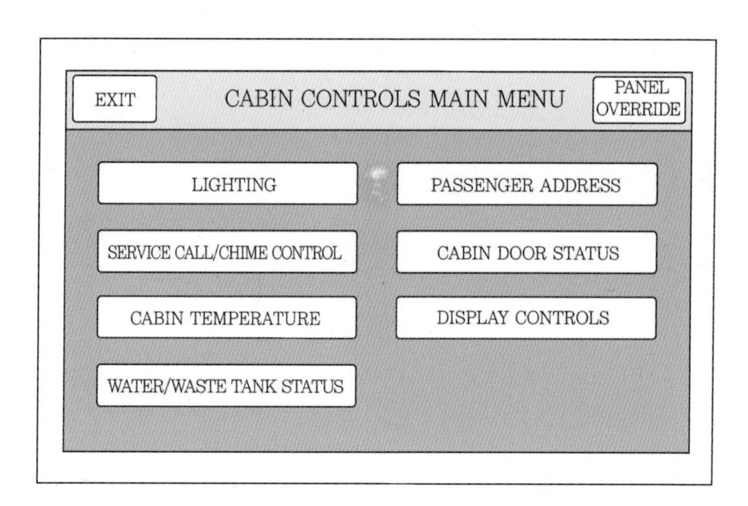

초기화면에서 'Cabin control'로 들어가면 메뉴화면이 나오고 각각의 메뉴로 들어가 Control한다.

① Lighting: 각 ZONE별로 control 가능하다.(cabin, entry way, reading light의 unable, disable chime control)

② service call/chime control

③ cabin temperature : 각 zone별로 객실 내 온도 조절 가능

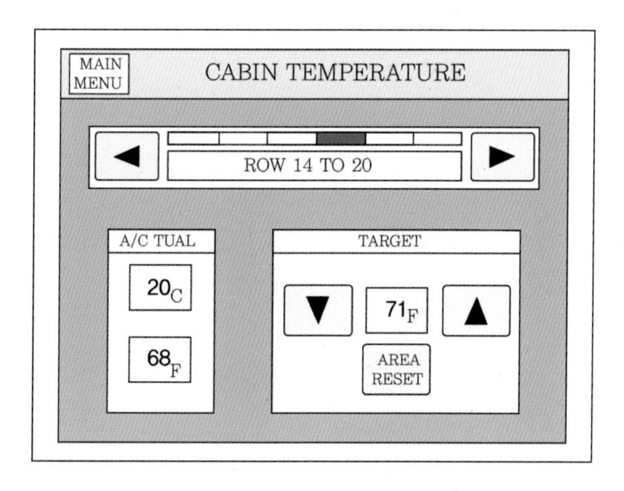

④ Master/waste Tank status : 저장상태 파악

⑤ Passenger Address : 사전 녹음된 기내 안내방송

⑥ Cabin Door status : 각각의 Door 상태를 나타낸다.(Locked, Not Locked)
그러나 Slider Raft의 armed/disarmed 상태는 나타내지 않는다.

⑦ Display control : LCD 모니터의 밝기 조절(Dim-bright)

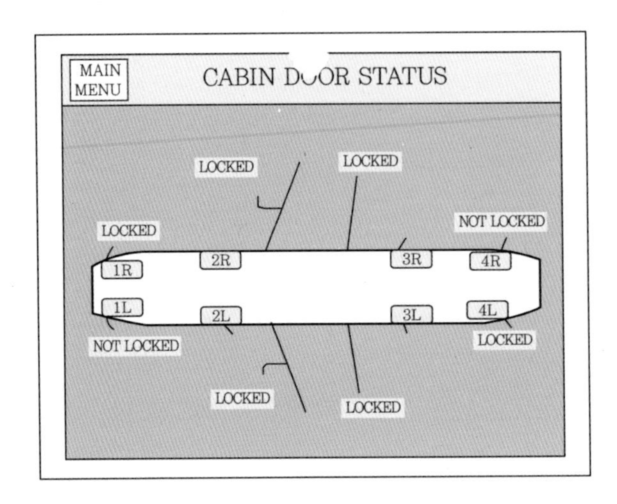

5) Communication System

각 Jump seat 옆에 인터폰이 위치하며 주요 기능은 각 Crew Station 및 Cockpit으로의 Call 및 All call이 가능하다.

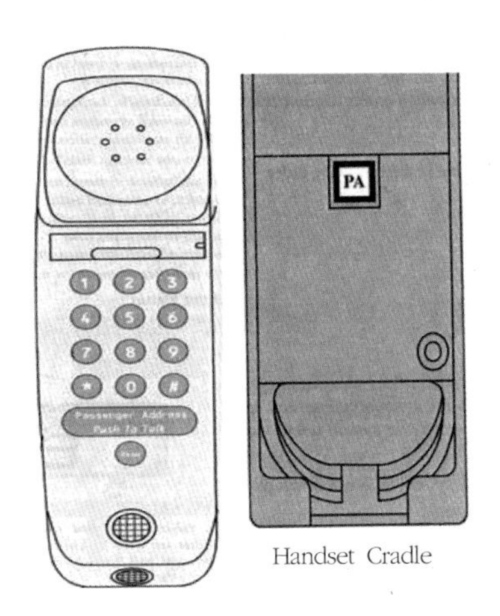

Handset Cradle

6) 승객 좌석별 Panel

P.S.U.(Passenger Service Unit)에는 다음과 같은 기능들이 있다.

- Attendant call
- Reading light
- Fasten seat belt sign, No smoking sign
- O_2 Mask
- Gasper outlet
- Speaker

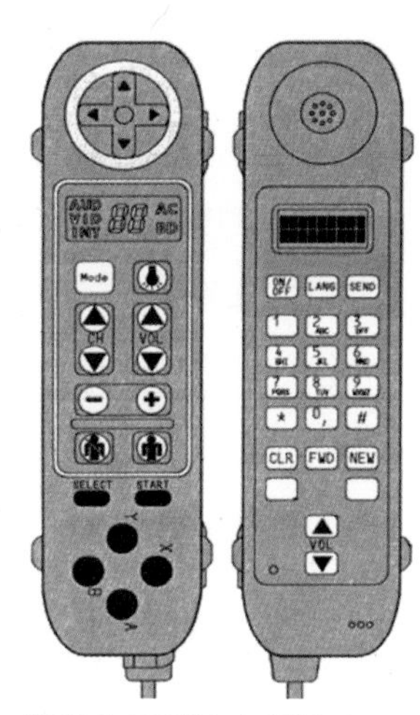

▸ PUS를 조정하기 위한 Panel

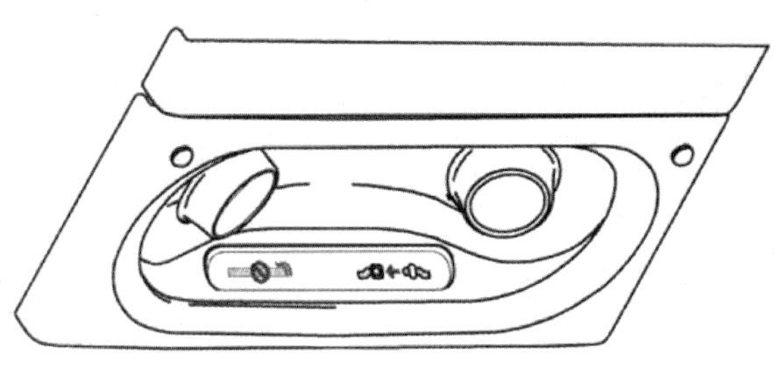

▸ 개인 좌석별 머리 위에 있는 독서등 및 벨트 사인 표시(PSU)

- Call light panel

  FWD/MID/AFT ceiling에 설치되어 있으며

  주요 기능으로는 Call system 작동 시 chime과 함께 Light가 켜진다.

  승무원 간 통화 시 Pink light가 켜지고 2chime(HI-LOW)이 울린다.

  승객이 호출 시에는 Blue light가 켜지고 1chime(HI)이 울린다.

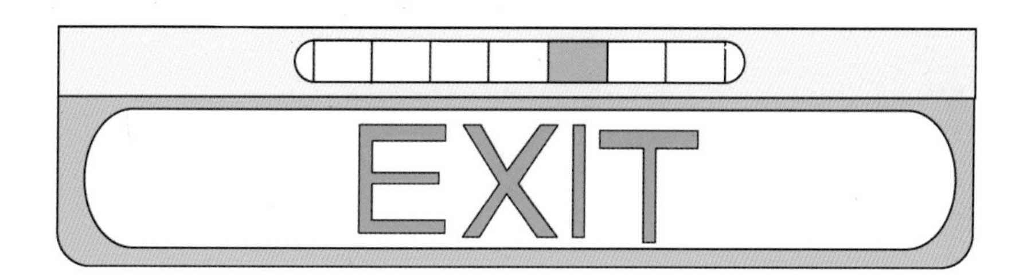

5. 747

1) 항공기 제원

- 통상 운영 좌석 수 : 280ea(F/C 12ea / B/C 32ea / E/Y 236ea), 268ea(F/C 10ea / B/C 24ea / E/Y 234ea), 359ea(F/C 10ea / B/C 45ea / E/Y 304ea)
(항공사에 따라 각 클래스별로 좌석배치를 달리한다.)
- 평균운항속도 : 907km/h
- 최대이륙무게 : 230,000kg
- 최대운항거리 : 15,084km
- 최대운항고도 : 13,746m
- 날개폭 : 64.44m

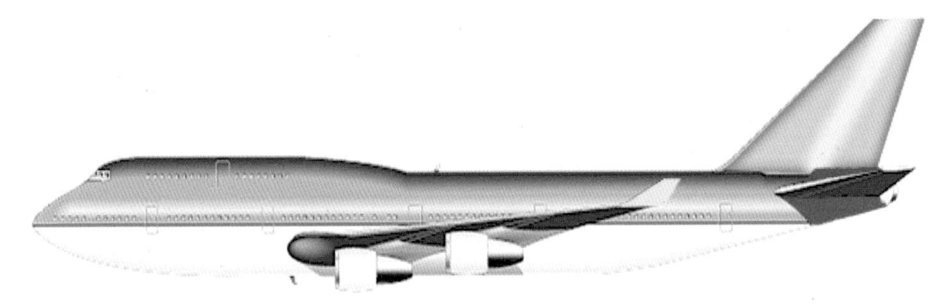

2) 항공기 객실

B747은 2가지 type으로 운영되는데 통상 승객만 탑승하는 pax기와 1/3 공간을 화물 공간으로 만든 combi가 운영되고 있다.

(1) B747-PAX

- F/C : A zone
- B/C : 1층 B zone, Upper-Deck zone
- E/Y : C, D, E zone

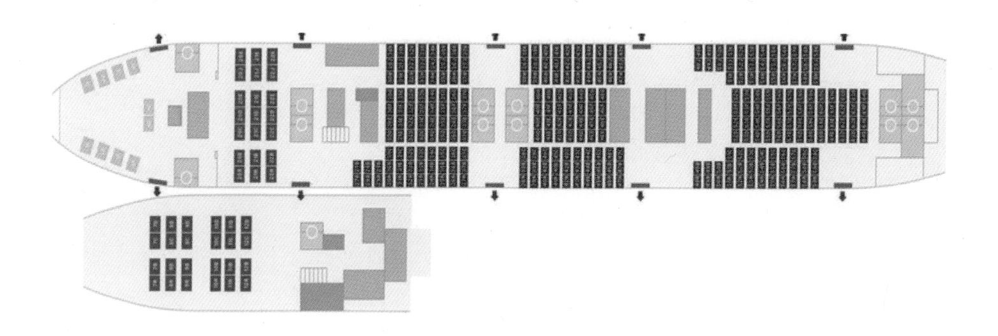

(2) B747-COMBI

- F/C : A zone
- B/C : Upper-Deck zone
- E/Y : B, C, D zone

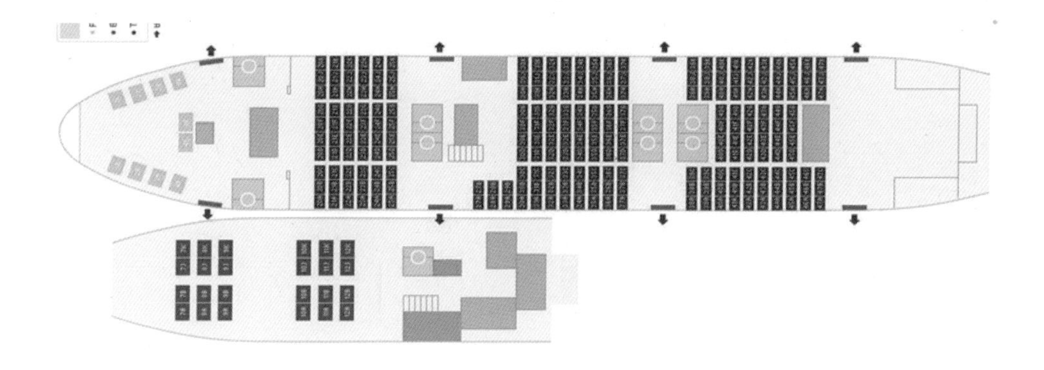

3) 갤리(Galley)

갤리(Galley)의 위치는 다음과 같다.

(1) B747-COMBI(4개)

- FWD
- Upper-Deck
- MID
- AFT

(2) B747-PAX(5개)

- FWD
- Upper-Deck
- MID
- D zone
- E zone

4) 화장실(Lavatory)

- 777 화장실 구조 형태 참조

5) 승무원 Panel

모든 Door 옆에는 Attendant Panel이 있으며 주여 기능은 다음과 같다.

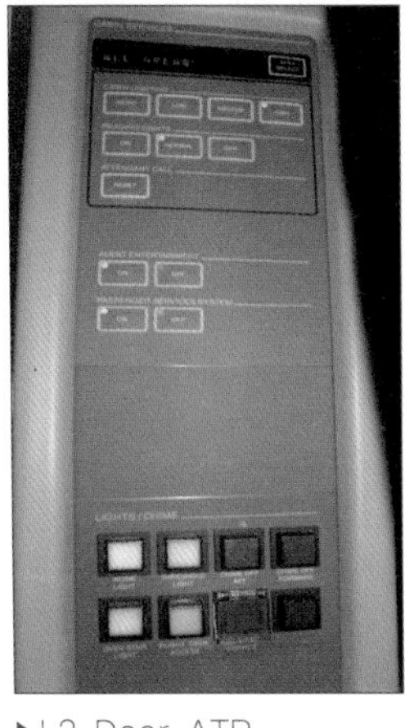

▸L2 Door ATP

▸R2 Door ATP

(1) L2 Door ATP

- Light control(기내조명) : 각 zone, entry area light 조절
- Reading light control(독서등)
- PAX call reset, Audio entertainment S/W, PAX service system S/W, Work light,

Threshold light, Chime off S/W, Boarding music, Pre-recorded ANN

(2) R2 Door의 ATP

- Cabin temperature
- Water quantity
- Waste quantity

6. 330

1) 항공기 제원

- 좌석 수 : 290ea(B/C 30ea / E/Y 260ea)
- 평균운항속도 : 876km/h
- 최대운항고도 : 12,527m
- 날개폭 : 60.30m
- 최대이륙무게 : 230,000kg
- 최대운항거리 : 11,518km

2) 객실 내부

내부 좌석 배열은 좌우 각 2열씩 그리고 가운데는 4열이 배치되어 있다.

▸ 내부 좌석 배치열

▸ 객실 내부 Overhead bin

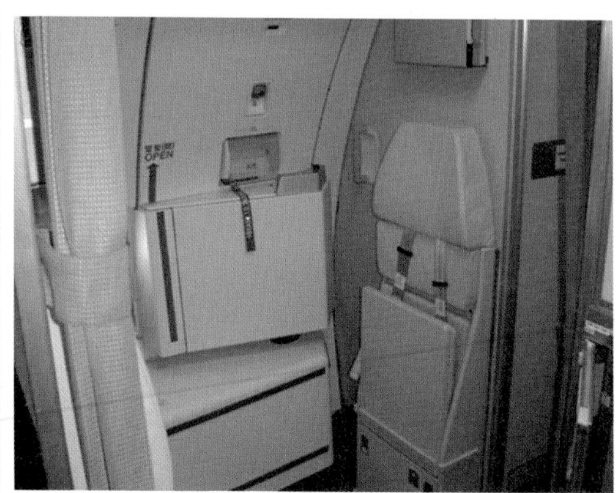

▸ 항공기 Door 및 Jump Seat

▸ 항공기 개인별 좌석

▸ 좌석별 모니터, 승무원 Jump Seat 및 항공기 Door

3) 승무원 Panel

FWD ATP(Attendant Panel) : L1 DOOR 근처에 위치

- Light control : 각 zone, entry area light 조절
- LAV smoke detector alarm reset
- evac commend/reset
  - evac horn이 울리면 즉시 비상탈출 실시
- PAX call의 chime 소거

- 각 zone별로 기내 온도 조절 가능
- 각 door의 상태(opened/closed/slide mode)
- boarding music On/Off

AAP(Additional Attendant Panel) : L2, L4 DOOR 근처에 위치

- evac commend reset
- pax call의 chime 소거
- cabin light dim 1 및 dim 2
- entry door light dim 1 및 dim 2

7. 380

A380은 약 550석 정도를 설치할 수 있는 세계 최대 크기의 항공기이다.

1) A380 제원

- 복층구조
- 길이 : 73m
- 날개폭 : 79.4m
- 높이 : 24.1m
- 장단점 : 타 항공기 대비 최대 승객 탑승 가능하나 그만큼 체크인과 짐 찾는 시간이 상당히 오래 걸리고 보딩시간도 오래 걸린다.

2) Door

- A380-800에는 총 16개의 비상구가 있다.
- Main deck에는 10개, Upper deck에는 6개가 있다.

▸2층 객실

▸Galley

▸2층 계단

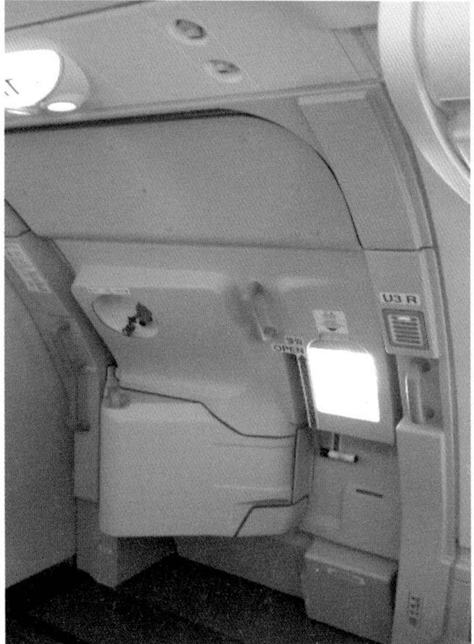

▸Door

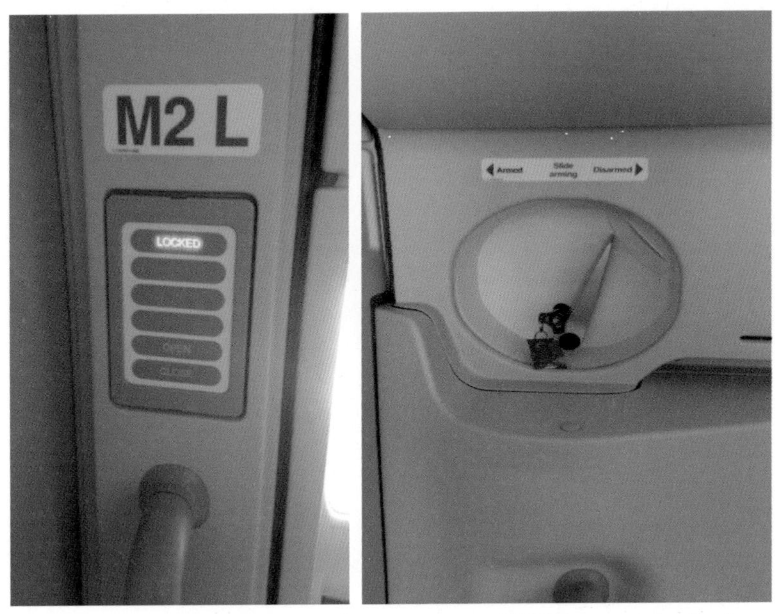

▶ DISP(Door and Slide Indication Panel) ▶ Slide Mode 변경(Disarmed Position)

▶ F/C Seat ▶ B/C Seat

▸A380 엔진

▸Bunk 입구

8. 350

A350-900의 제원은 다음과 같다.

- 승객 수 : 350
- 항속거리 : 15,000km
- 길이 : 66.9m
- 높이 : 17.05m
- 폭 : 5.61m
- 순항속도 : 마하 0.85

A350은 기존 항공기 대비 운영비를 75% 정도 절감 가능하도록 제작되었다.

동체를 탄소섬유로 제작하여 무게를 감소시키고 날개 끝에 Winglet을 달았다. 또한 안정성도 우수하여 공중에서 한 개의 엔진이 고장나도 나머지 하나의 엔진으로 6시간 정도 운항이 가능하다 하여 많은 항공사에서 도입하고 있다.

▸ 날개 끝 Winglet

▸ 조종 좌석

▸ B/C 좌석 내 모니터 및 테이블

▸ B/C 좌석

▸ E/Y 좌석

▸ 갤리 내 Compartment

▸ 좌석별 PSU 작동 Panel

▸ 개인별 좌석 모니터

▶ 객실 내 Jump Seat 및 Panel

▶ 항공기 Jump Seat

▶ Bunk

제 3 장

기종별 Door의 특징 및 Operation

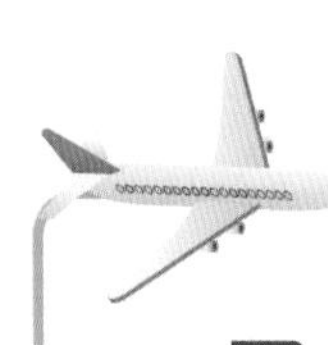

제3장 기종별 Door의 특징 및 Operation

전 객실에 고르게 분포되어 있는 항공기의 출입문은 단순히 출입하는 기능을 떠나 비상사태 발생 시 비상탈출구로도 이용된다. 항공기는 보통 순항고도 30,000피트 상공으로 비행하면 안에서는 절대 출입문을 개방할 수 없도록 설계되어 있다. 또한 항공기 사고 발생 시 신속하고 안전하게 탈출하기 위해 항공기 Door에는 Escape Slide가 장착되어 있다.

제1절 항공기 Door의 구성

항공기 Door는 항공기 전체에 걸쳐 일정한 간격으로 위치하며 항공기의 종류에 따라 형태와 개폐방법이 다양하다. 보통 왼쪽 첫 번째 및 두 번째 Door는 승객 탑승용으로 사용되며 After Door는 지상조업용 Door로 사용된다.

다음 그림에서 보는 바와 같이 항공기 Door는 전방에서 후방으로 번호가 부여된다. 즉 조종석에서 바라볼 때 왼쪽은 L Side로 L1, L2, L3…라고 하며, 오른쪽은 R Side, R1, R2, R3…라고 명칭이 부여되고 있다. 대부분의 항공기는 승객들을 탑승시킬 때 왼쪽 Door인 L Side Door를 이용하고 있다.

Overwing Window Exit은 항공기별로 다르나 대부분 주 날개 위의 동체에 좌우 각

2개씩 총 4개의 Overwing Window Exit이 장착되어 있다. Overwing Window도 비상사태 시 객실 중앙에 있는 승객의 긴급 탈출을 위해 탈출구로 사용된다.

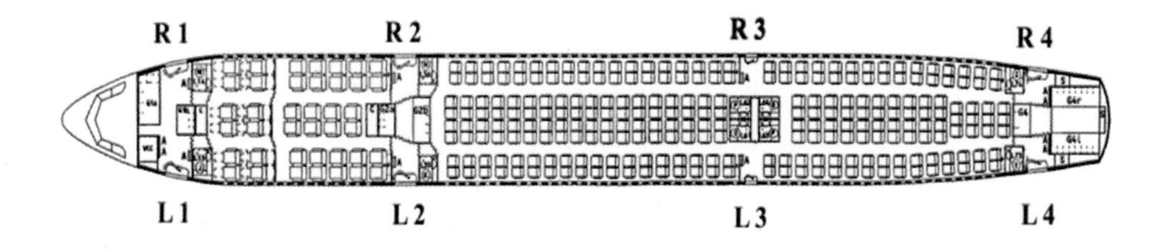

1. 기종별 Door의 구조

1) B747-400

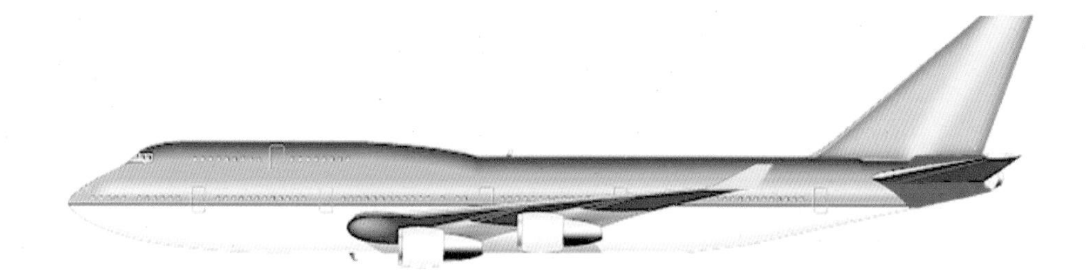

(1) 747 Main Door 및 Slide Mode

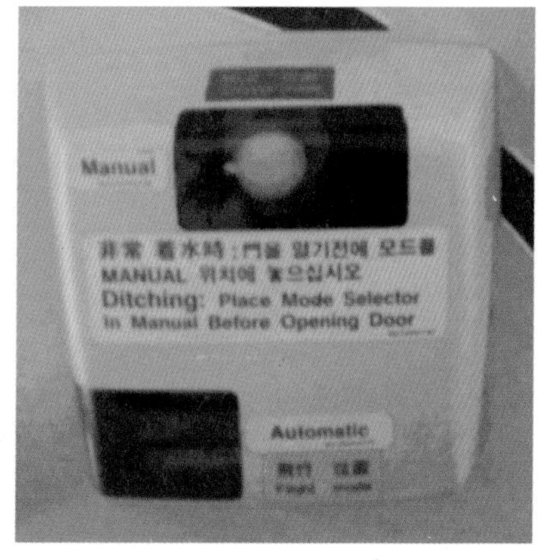

▸ Main Door

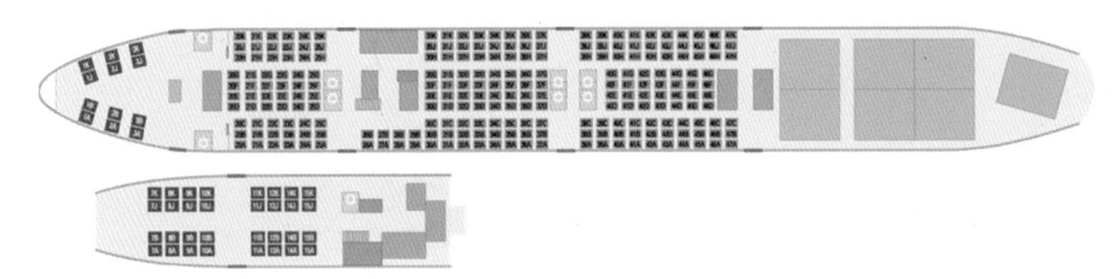

▸ PAX Seat : 378(F : 12, C : 60, Y : 306), COMBI Seat : 280(F : 12, C : 32, Y : 236)

(2) B747 Upper Deck 객실 및 Door

▸ 아시아나항공 2층 Upper Deck(B/C 객실)

2) B777-200

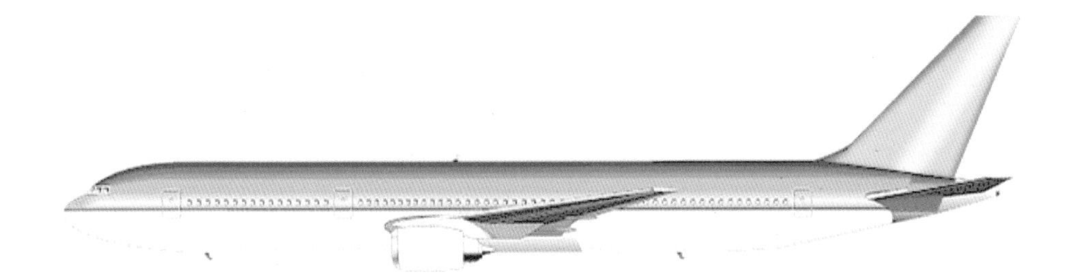

▸B777 Main Door 및 Slide Mode

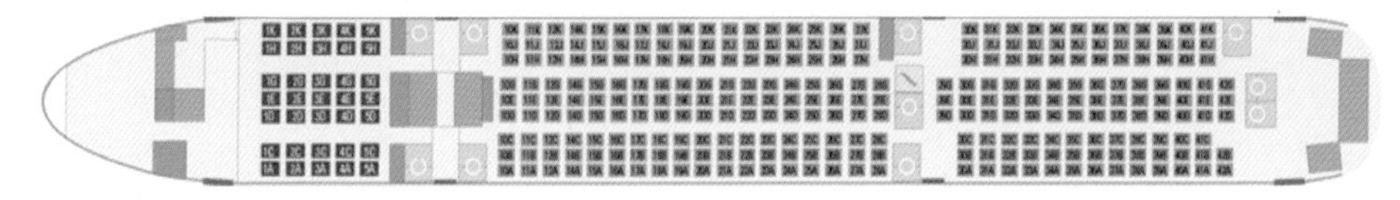

▸Seat : 303(C : 32, Y : 271)

3) A330-300

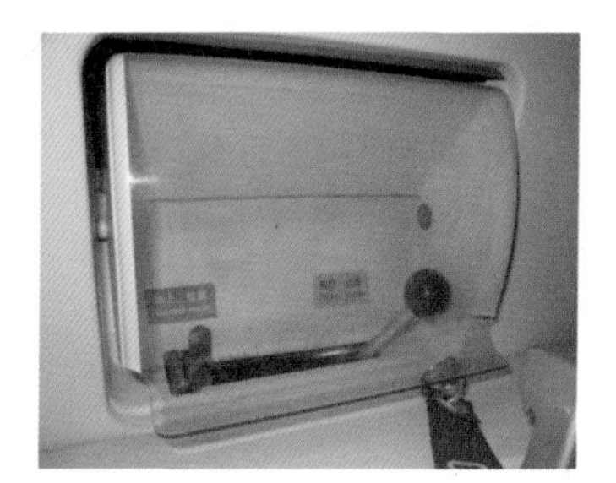

▸A330 Main Door 및 Slide Mode

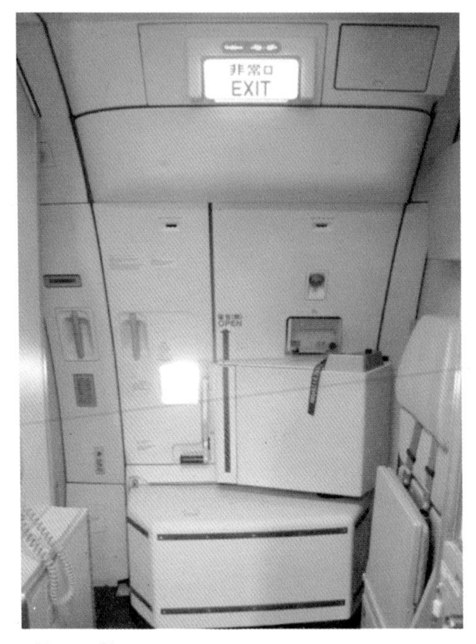

▸ Door Close

▸ Door Open

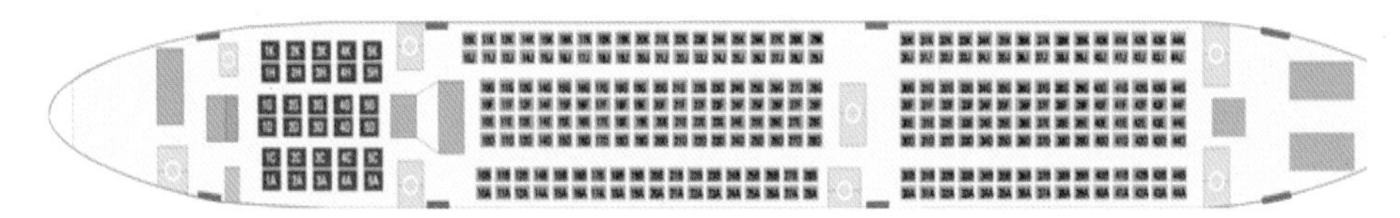

▸ Seat : 290(C : 30, Y : 260)

4) B767-300

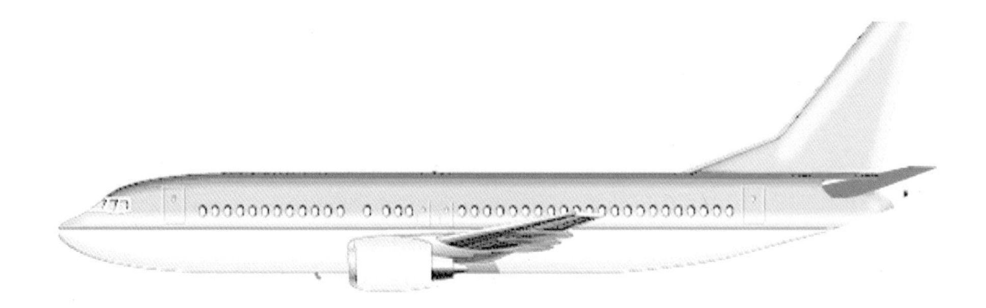

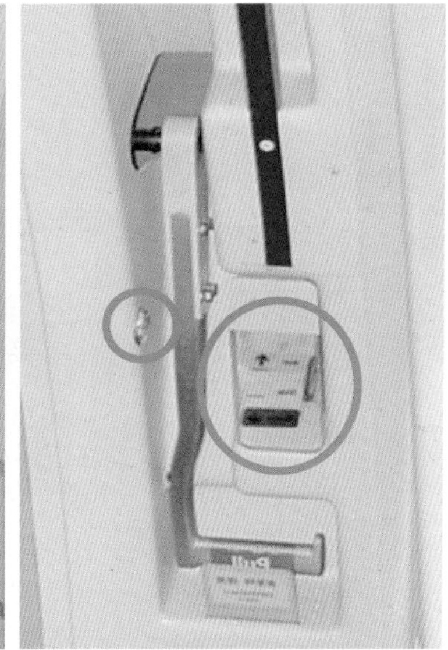

▸ B767 Main Door 및 Slide Mode

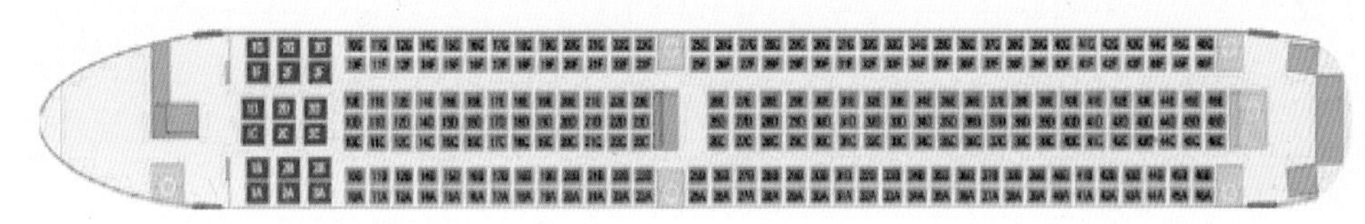

▸ Seat : 260(C : 18, Y : 242)

5) B737-400

▶ B737 Main Door 및 Slide Mode

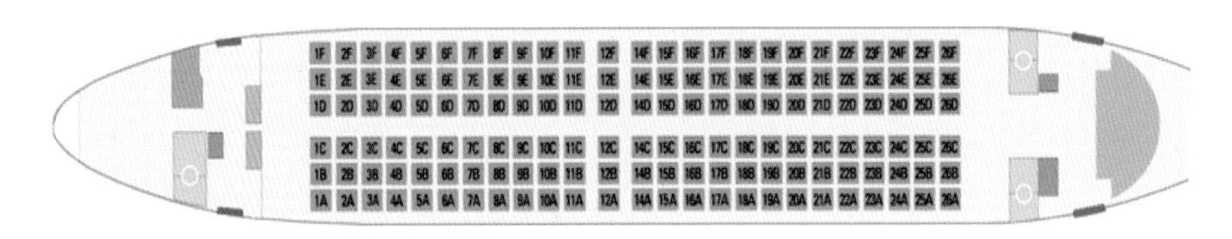

▶ Seat : 160(Y : 160)

6) A321-200

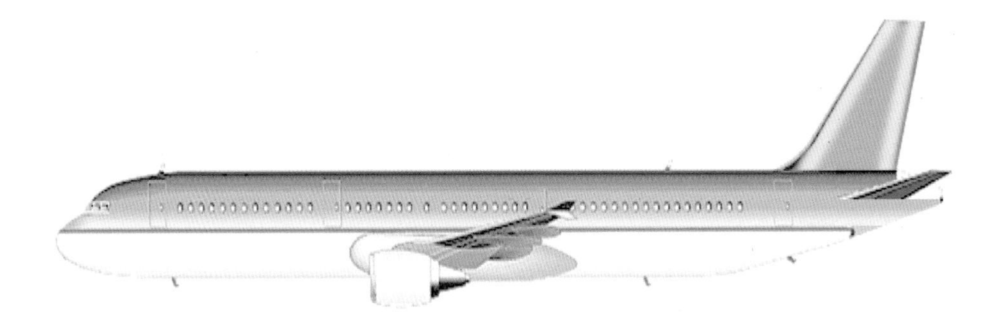

▸A321 Door 및 Slide Mode

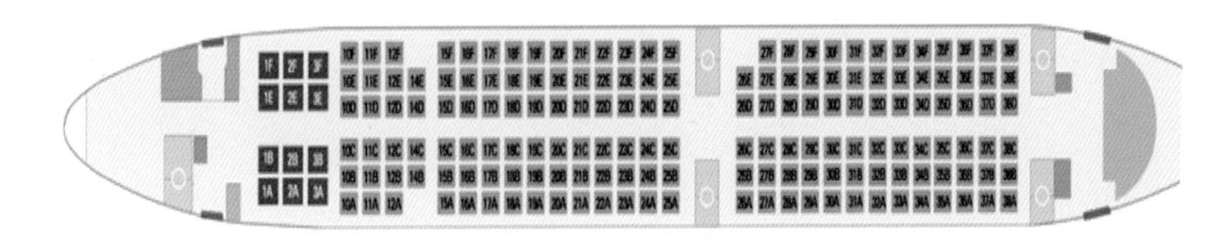

▸Seat : 177(C : 12, Y : 165)

7) A380

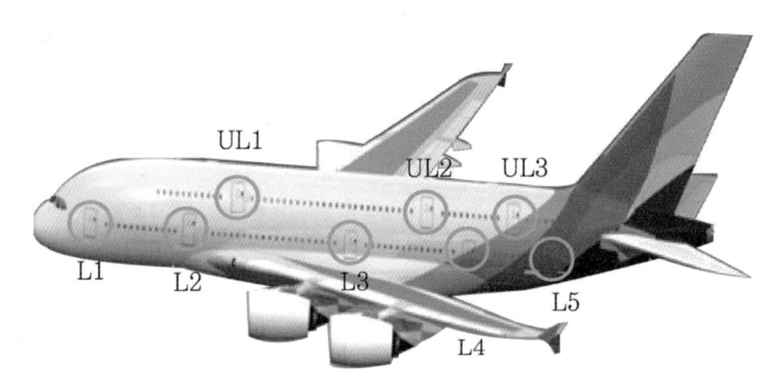

▸A380 항공기 좌측 동체

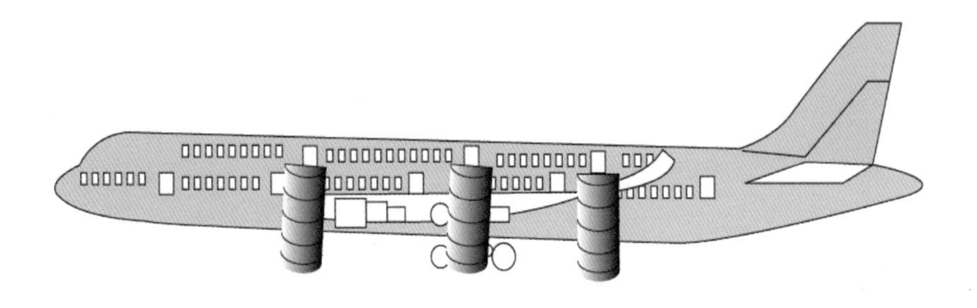

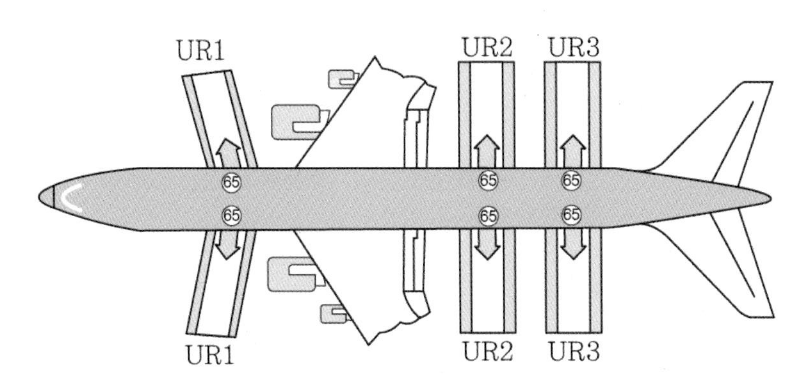

▸ A380 각 Door별 Slide

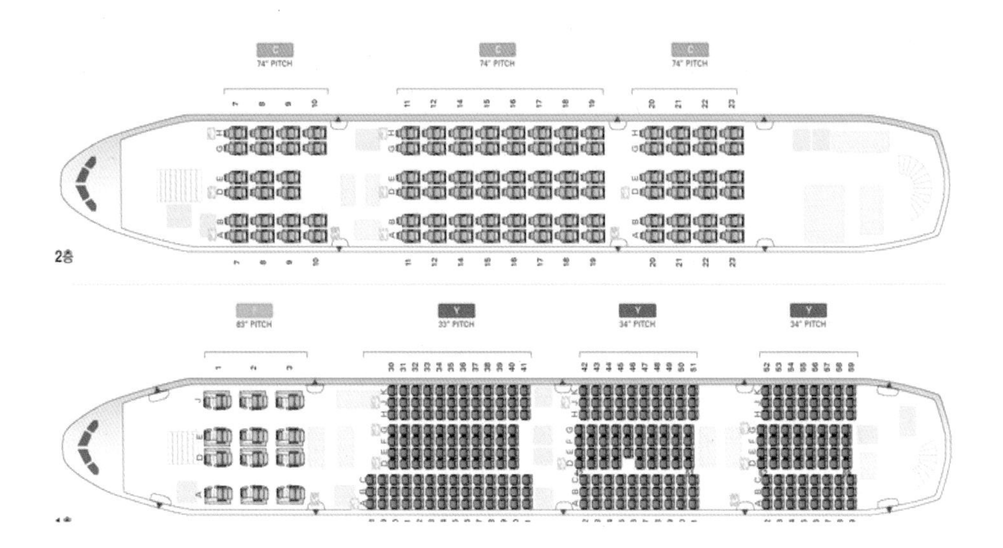

▶ Disarmed Position

▶ A380 Door

▶ A380 항공기 Door

8) 350

▸350 시험비행

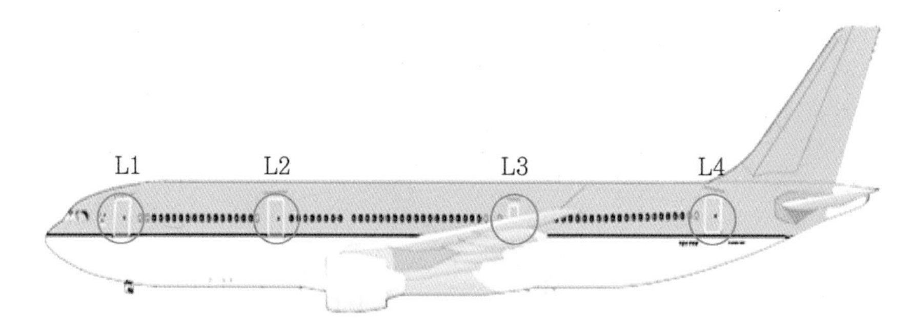

▸350 Door Left Side

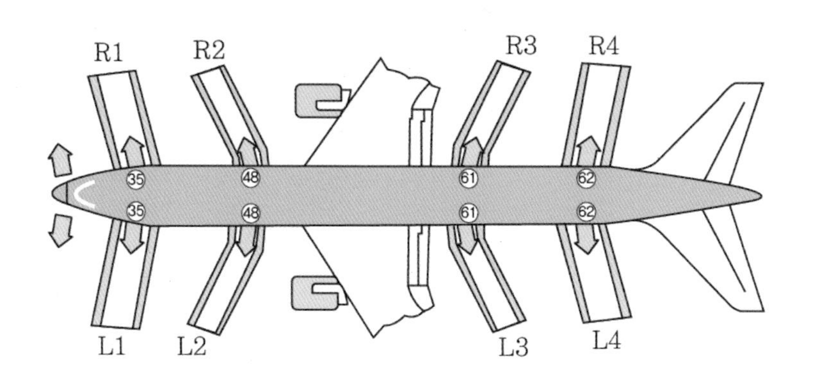

▸ 350 비상착륙에 따른 Slide 시현

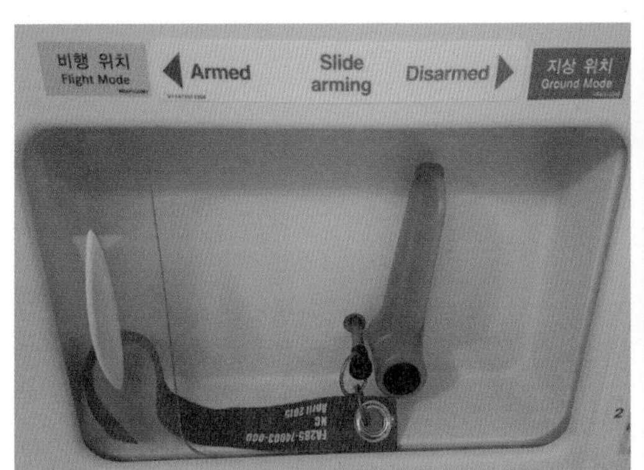

▸ Slide Mode Disarmed Position

▸ A350 Door Open 상태

2. 기종별 Door의 세부명칭 및 Open 절차

1) B737 Door

① Assist Handle : Door를 열고 닫을 시 추락사고 등의 안전을 고려하여 사용하는 손잡이다.

② Slide Bustle : Escape Slide가 보관되어 있는 Hard Case(Door 하단 위치) 내부에는 Slide가 접힌 상태로 보관되어 있다.

③ Door Operating Handle : 항공기의 Door를 열거나 닫을 때 사용하는 손잡이다.

④ Small Viewing Window : 항공기의 외부 상황을 내부에서도 볼 수 있게 만든 작

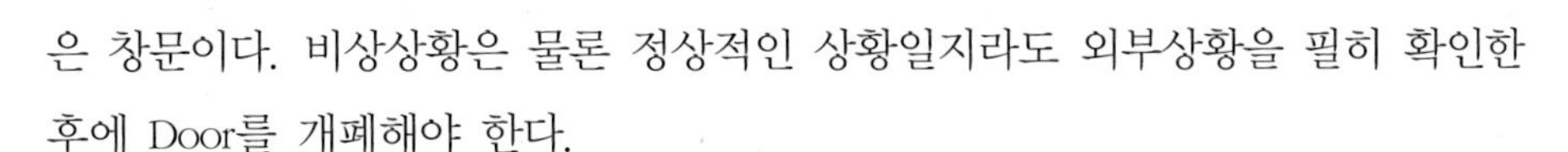
은 창문이다. 비상상황은 물론 정상적인 상황일지라도 외부상황을 필히 확인한 후에 Door를 개폐해야 한다.

⑤ Girt Bar : Escape Slide를 항공기 바닥에 고정시킬 때 사용되는 금속막대, 즉 Girt Bar가 항공기 바닥에 고정된 상태를 팽창위치(Armed/Automatic Mode)라고 하며, 반대로 Slide Bustle에 고정되어 있으면 정상위치(Disarmed/Manual Mode)라고 한다.

⑥ Red Warning Flag : Door를 Armed Position으로 변경한 후 Red Warning Flag를 Cross로 위치시킨다. 이는 외부에서 혹은 내부에서 팽창위치로 변경하였으니 주의하라는 일종의 표시라고 볼 수 있다.

⑦ Slide/(Raft) Gas Bottle Pressure Gage Viewer : Slide를 팽창시키는 Gas Bottle의 충전상태를 나타내는 Gage이다.

⑧ Gust Lock Release Lever : 항공기 Door를 동체로부터 분리시킬 때 사용하는 Button으로 Gust Lock이 걸린 상태의 Door는 외부요인에 의해 Door가 절대 닫히지 않는다. 또한 Door를 Close하기 위해서는 아래 그림과 같이 Gust Lock Release Lever를 밑으로 누른 상태에서 Door를 잡아당겨야 Door를 닫을 수 있다.

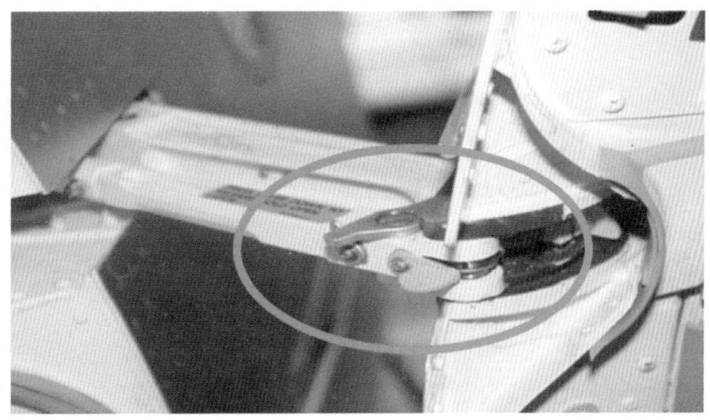

▸ Girt Bar를 바닥에 걸기 위한 Floor Bracket

2) B767 Door

보통 Door를 open하거나 close할 때 Safety 조작을 선조치하고 Door operating handle을 이용하여 문을 개폐한다.

중간에 인위적으로 Door를 올리거나 내릴 수도 있으나 자동으로도 가능하다. Door를 올릴 때는 상단 버튼을 누르고 Door를 내릴 때는 하단 버튼을 누른다.

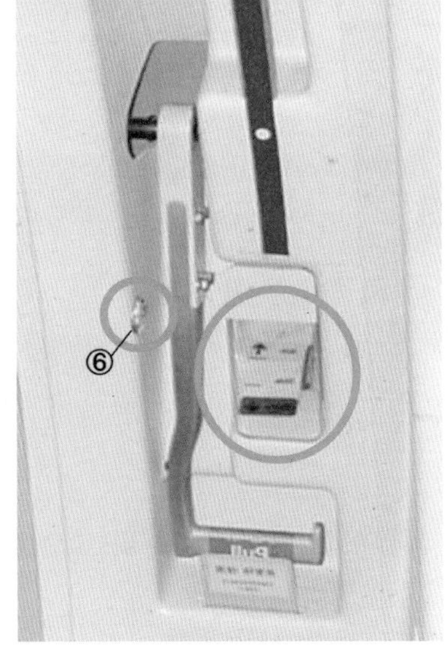

① Assist Handle : Door 작동 시 승무원의 안전(추락방지 등)을 위해 사용되는 손잡이다.

② Slide Bustle : Escape Slide가 보관되어 있는 Hard Case(Door 하단 위치)이다. 내부

에는 Slide/Raft가 보관되어 있다.

③ Door Operating Handle : 항공기의 Door를 열거나 닫을 때 사용하는 손잡이다.

④ Viewing Window : 항공기의 외부상황을 내부에서도 볼 수 있게 만든 작은 창문이다. 비상상황 시나 정상적인 상황이라도 반드시 밖의 상황을 보고 Door를 조작하도록 한다.

⑤ Arming Lever : Door를 Armed Position 혹은 Disarmed Position으로 변경하는 Lever이다. 이 Lever의 위치에 따라 비상시 Slide/Raft를 팽창시킬 수 있다.

⑥ Gust Locker Release Button : Door Handle을 움직이려면 Gust Locker Release Lever를 누른 상태에서 움직여야 한다.

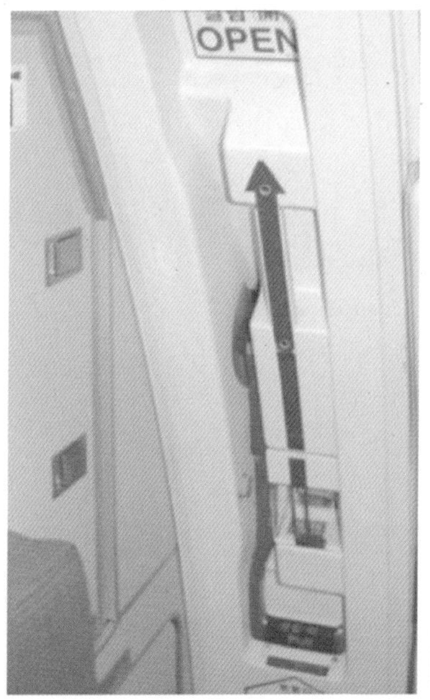

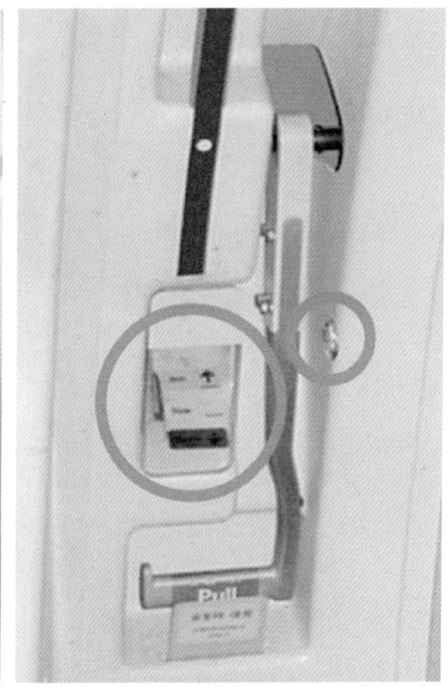

▸ Disarmed Position ▸ Armed Position

3) B747 Door

① Door Handle

② Viewing Window

③ Arming Lever

④ Assist Handle

⑤ Slide Bustle

⑥ Emergency Light

⑦ Gust Locker Release Lever

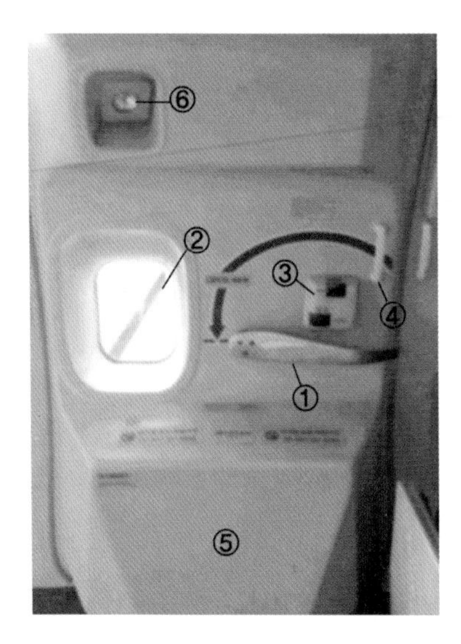

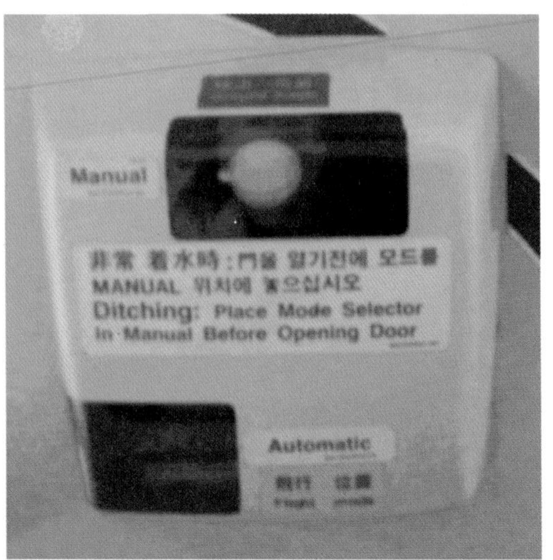

Upper Deck Door : Upper Deck Zone에는 비상구가 있으나 비상시 또는 정비 외에는 개폐하지 않도록 한다.

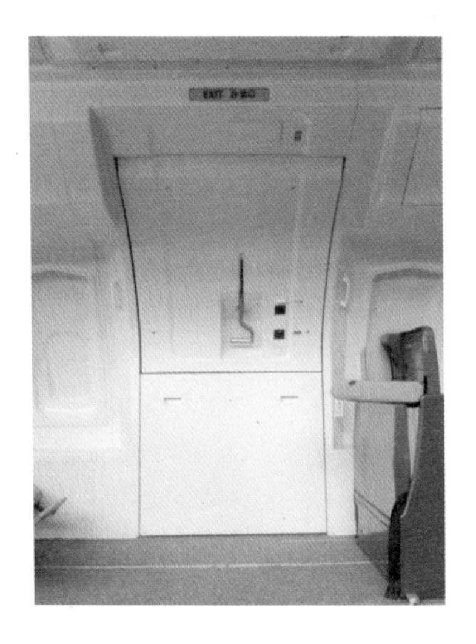

4) B777 Door

① Assist Handle

② Slide Bustle

③ Door Operating Handle

④ Viewing Window

⑤ Arming Lever

⑥ Gust Locker Release Handle

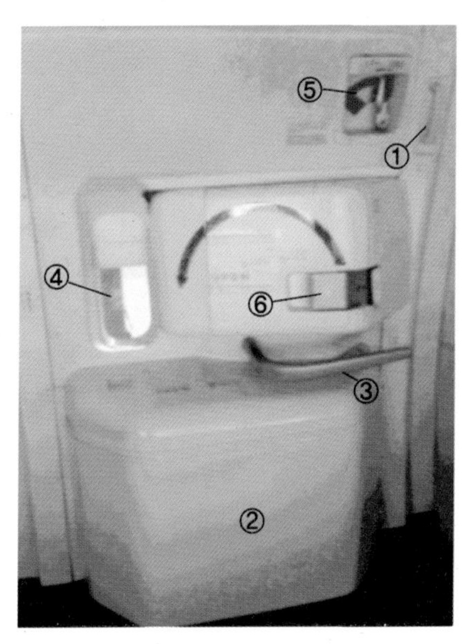

5) A330 Door

① Assist Handle

② Slide Bustle

③ Door Operating Handle

④ Viewing Window

⑤ Arming Lever

⑥ Gust Locker Release Button

⑦ Emergency Light

⑧ Door Locking Indicator : Door가 완전히 닫힘상태인지를 확인할 수 있는 표시이다.

⑨ Red Warning Flag with Safety Pin : Slide Mode의 작동 표시를 육안으로 확인할 수 있도록 표시해 주는 Warning 표시 역할이다.

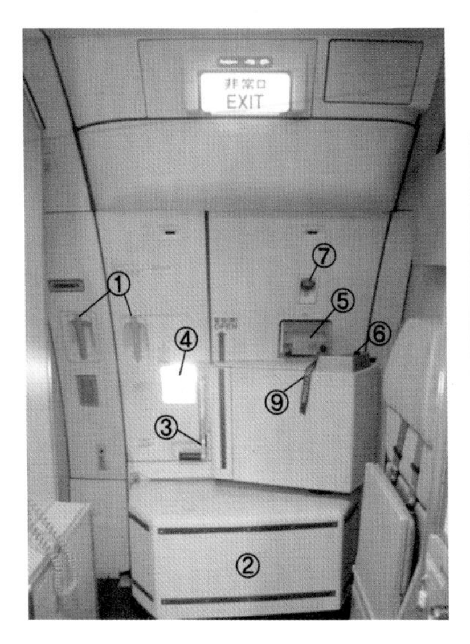

6) A321 Door

① Assist Handle

② Slide Bustle

③ Door Operating Handle

④ Viewing Window

⑤ Arming Lever

⑥ Gust Locker Release Button

⑦ Emergency Light

⑧ Red Warning Flag with Safety Pin

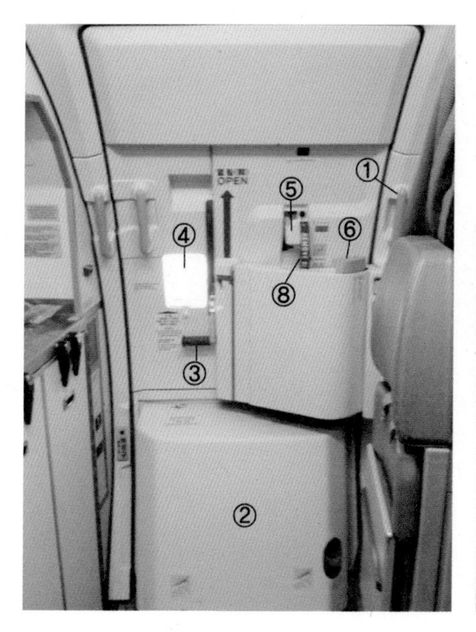

7) A350 Door

① Observation window : 밖의 상태를 확인

② cover of slide arming lever : slide arming lever의 보호덮개

③ slide arming lever : slide mode armed/disarmed 변경 lever

④ safety pin: slide arming lever 고정핀

⑤ Door assist handle

⑥ frame assist handle

⑦ hinge arm : hinge arm and door assist handle

⑧ door control handle

⑨ door locking indicators

⑩ slide aremed indicator : slide armed 상태로 door operation 시 경고등 작동

⑪ cabin pressure indicator : 여압 이상 상태 확인

⑫ observation window with lens: 밖의 상태를 확인하게 해주는 창문

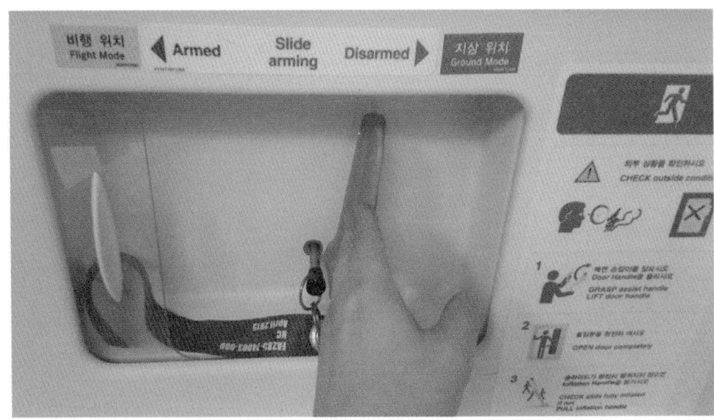

8) A380 Door

① door control handle : Door를 open/close할 때 사용

② door locking indication : door가 완전히 close/lock되었음을 표시

③ red cabin pressure visual warning : cabin 여압이 비정상일 경우에 표시하는 indicator

④ door and slide indication panel : door 및 slide의 상태를 표시하며 door를 자동으로 open / close할 수 있는 기능이 포함

⑤ lens in the observation window : 외부상황을 자세히 파악할 수 있도록 하는 Lens

⑥ frame assist handle : 고정손잡이

⑦ observation window : 외부상황의 파악 및 확인을 하는 window

⑧ slide arming lever : slide mode armed / disarmed 변경 lever

⑨ safety PIN : slide arming lever 고정핀

⑩ escape slide container : slide가 접혀서 보관되어 있으며 유사시 slide가 팽창되는 곳임

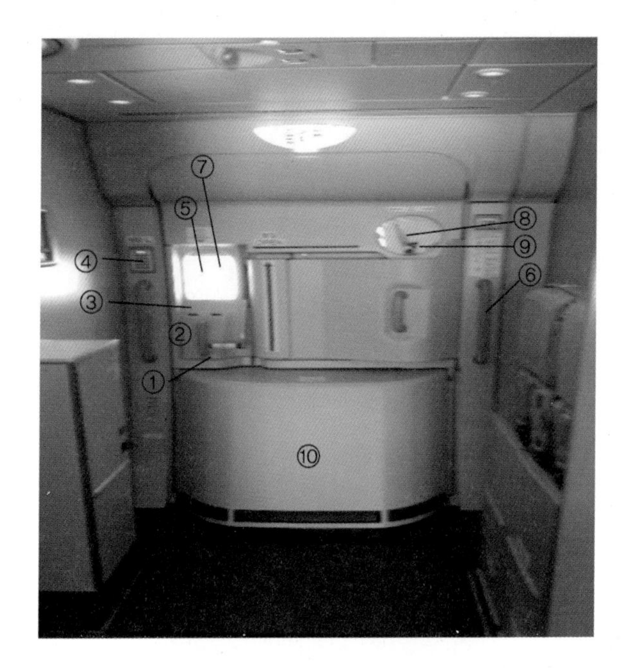

3. Escape Device

Slide, Slide/Raft, Life Raft를 의미하며 비상시 승객과 승무원을 항공기로부터 안전하게 탈출시키기 위한 장비이다.

1) Slide

비상사태 시 신속한 탈출을 위해 사용되는 미끄럼틀로 대부분의 소형기종인 Narrow Body의 항공기 내에 장착되어 있다. 또한 양쪽에는 추락을 예방하는 Side Barrier가 없고, 비상착수 시 보트기능은 없으나 물에 빠진 승객들이 의존할 수 있는 Floating으로 활용할 수 있다.

2) Slide/Raft

Slide/Raft는 비상시 미끄럼틀(Slide)과 비상착수 시 구명정(Raft) 등의 2가지 기능이 있다. 중, 대형 기종인 Wide Body 항공기 내에 장착되어 있으며, 두 사람이 동시에 탈출할 수 있도록 Double Lane으로 되어 있다. 또한 양쪽에 추락을 예방하는 Side Barrier가 설치되어 있다.

3) Life Raft

비상착륙 시에는 사용이 불가능하며, 비상착수 시에만 바다에서 구명정으로 사용할 수 있다. Slide/Raft가 장착되어 있지 않거나 충분히 구비되지 않은 항공기에는 아래 사진처럼 객실의 Overhead Bin 내에 탑재되어 있다.

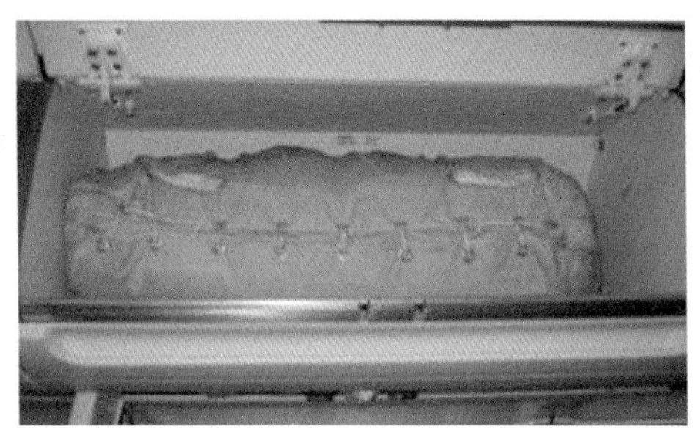

▶ A321 Overhead Bin 내 Life Raft

4. Door Type

1) Automatic Door(B747, B777, A330, A300 등)

Door의 Mode가 Armed 시 Pneumatic Power에 의해 자동으로 Open된다.

2) Manual Door(B737 등)

Door Armed 시 수동으로 Door Open되며 Pneumatic Power가 지원되지 않는 기종이다.

제2절 항공기 Door의 작동방법

모든 항공기에서 출발 전 객실장은 승객 탑승완료를 지상직원으로부터 통보받은 후 기장에게 보고하여 출발에 필요한 조치를 지시받도록 한다. 그리고 객실장은 지상직원으로부터 승객 및 화물 관련 서류 등을 인수받고 기장으로부터 승인을 득한 후 Door를 Close한다. 또한 승무원들은 Door Close 전에 다음과 같은 사항들을 점검한다.

- 화장실에 승객이 있는지를 확인한다.
- 객실장은 Ship Pouch 이상 유무를 확인한다.
  * Ship Pouch란, 출발 전 객실장이 지상직원으로부터 인수받아 목적지 공항까지 인계하는 서류 가방을 의미한다.
- 지상서비스 직원의 기내 잔류를 확인한다.

1. B737 Door

- 737-400기종의 Door는 Entry Door 2ea, Service Door 2ea 그리고 Overwing Exit 4ea로 구분되어 총 8개이고, 그보다 작은 기종인 B737-500기종은 6개이다.
- L Side Door는 승객 탑승용으로, R Side Door는 케이터링을 포함한 지상조업용

Service Door로 사용된다. 그러나 비상시에는 객실 내에 있는 모든 Door가 비상구로 사용된다.

- L Side Door 및 R Side Door는 내부 또는 외부에서도 개폐가 가능하다.
- 각 Door에는 Small Viewing Window가 있어 Door Open 전에 외부상황을 확인할 수 있다.
- Overwing Exit Door를 제외한 모든 Door에는 Slide가 장착되어 있어 비상착륙 시 탈출용으로 사용할 수 있으나, 비상착수 시에는 해상에서 단지 Floating 용도로만 사용이 가능하다.

1) Door Open 절차

- 항공기 외부상황을 Small Viewing Window를 통해 확인한다.
- Door 밑에 있는 Slide Girt Bar 위치가 정상위치(Disarmed position)인가를 확인하고 또한 객실 내 Seat Belt Sign이 꺼졌는지를 확인한다.
- 오른손으로 Door 우측에 Assit Handle을 잡고, 왼손으로 Door Handle을 잡아 왼쪽(시계 반대방향)으로 회전시킨다.
- 왼손으로 Door Handle을 밀어 Door가 열리면 다시 왼손으로 Door에 부착된 Assit Handle을 잡고 Door 상단 노란색의 Latch Pin이 완전히 Locking될 때까지 우측으로 힘껏 민다.

2) Door Close 절차

- 오른손으로 Latch Pin을 누른 상태에서 왼손으로 Door에 부착된 Assit Handle을 안쪽으로 잡아당긴다.
- Door가 안쪽으로 돌아오면 Door Handle을 오른쪽(시계방향)으로 돌려 완전히 Latching시킨다.

3) Slide Mode 변경

(1) 팽창위치(Armed Positon)

- Door 밑 Hook에 걸려 있는 Girt Bar를 바닥에 있는 금속막대(Breacket)에 양쪽으로

건다.

- Door에 부착된 Red Strap을 Small Window에 사선으로 위치하여 놓는다. 이는 외부 혹은 내부에서 이미 팽창위치(Armed Position)로 위치하였음을 알려주는 Warning 표시로 이해하면 된다.
- L 및 R Side에 위치한 승무원은 상호 간 Cross 체크 후 객실장에게 보고한다.

(2) 정상위치(Disarmed Position)

- 객실 바닥 Bracket에 걸려 있는 Girt Bar를 Door 밑 Hook으로 변경 위치시킨다.
- Door에 부착된 Red Strap를 Cross 위치에서 수평 위치로 변경한다.
- Slide Mode는 반드시 객실장 지시로 변경하며 승무원 상호 간에 확인하도록 한다.

보통 Slide Mode 변경 시에는 객실장으로부터 지시받아 실시하고 임무를 부여받은 승무원들은 확인 후 PA를 통해 실시 여부를 객실장에게 보고한다.

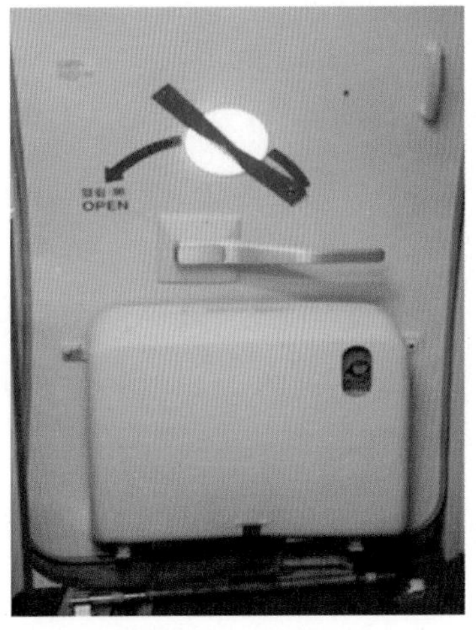

▸ 팽창위치(Armed Position)

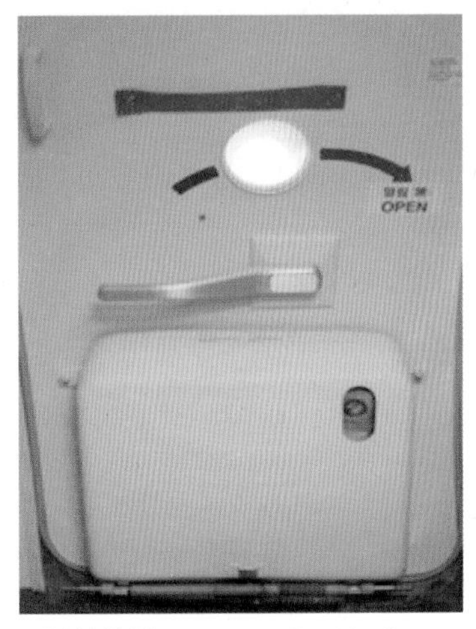

▸ 정상위치(Disarmed Position)

객실장의 지시어

"전 승무원은 Door Side로 위치하고 오른쪽 출입문 안전장치를 정상(팽창)위치로 변경하십시오. 왼쪽 출입문 안전장치를 정상(팽창)위치로 변경하십시오."

각 Door별 Duty 승무원 보고

"출입문 안전장치를 정상(팽창)위치로 변경하고 상호 확인했습니다."

4) 비상상황 시 조작

Door의 Small Window를 통해 외부상황을 확인한다. 즉 항공기 상태가 어떤지, 어느 쪽에서 연기 혹은 화재가 발생하는지, Slide 사용 및 탈출이 가능한지 등을 점검하여 해당 Door로 탈출할 것인지의 여부를 결정한다.

Door의 Handle을 돌리면 Door가 Open되며 동시에 Escape Slide가 자동적으로 펼쳐지는데 팽창시간은 대략 3초 안에 부풀려진다. 만약 Escape Slide가 부풀지 않으면 빨간색의 Manual Inflation Handle을 힘껏 당기면 된다.

5) Escape Slide 분리

B737 기종의 Escape Slide는 Raft로 사용 불가하나, 단순 Floating 역할은 할 수 있어 승객이 바다에 빠졌을 때 일시적 생명의존 도구로 활용된다. Slide를 기체로부터 분리하려면 Slide의 상단 Cover를 벗겨 흰색의 Detachment Handle을 당긴다.

6) Overwing Exits

비상탈출 시에만 사용하는 Overwing Exits은 B737-400에 좌우 2개씩, B737-500에 좌우측 1개씩이 장착되어 있다. 그러나 지상에서 Wing 높이까지는 높지 않아 Slide는 장착되어 있지 않다.

2. 767 Door

B767-300기종의 Door는 승객의 탑승 및 하기 Entry(L side) Door, 케이터링을 포함한 지상조업 Service(R side) Door, 그리고 Overwing Exit으로 구분되며 기내 총 8개의

Door가 장착되어 있다.

비상시 모든 Door는 비상구로 사용할 수 있으며, 또한 기내 모든 Door는 외부에서도 개폐조작이 가능하다.

Door Handle은 상하로 작동하므로 외부에서 Door를 개폐할 경우 내부에서는 Door Handle로부터 일정거리를 두고 있어야 한다. 이는 근접시 Door Handle에 부딪칠 수 있기 때문이다.

각 Door에는 Small Viewer가 있어 외부의 상황을 점검할 수 있으며, Door의 오른쪽에는 Slide Mode를 변경할 수 있는 Lever가 있다.

Overwing Exit는 Slide Mode에 관계없이 Door만 열면 Slide가 자동으로 팽창되게 되어 있다.

1) Door Open 절차

- 외부상황을 Door의 Small Viewing Window를 통해 확인한다.
- 오른쪽에 위치한 Slide Mode가 정상위치(Disarmed Position)에 놓여 있는가를 확인한다.
- Door 오른쪽에 있는 Handle을 Open Position(위쪽)으로 올린다.
- Door 하단에 있는 Assit Handle을 양손으로 잡고 Door 우측 상단에 있는 흰색의 Latch Button이 Locking될 때까지 위로 올린다.

2) Door Close 절차

- 왼손으로 Door를 받치고 오른손으로 Latch Button을 누른 다음 Door를 서서히 내린다.
- 양손으로 Assit Handle을 잡고 밑 발목부분까지 완전히 내린다.
- 우측에 있는 Door Handle을 밑으로 완전히 내리면 Door가 Close된다.
- 만약 외부에서 Door를 닫을 경우 기내에 있는 승무원은 Door Handle로부터 일정거리를 떨어져 있어야 한다.

3) Slide Mode 변경

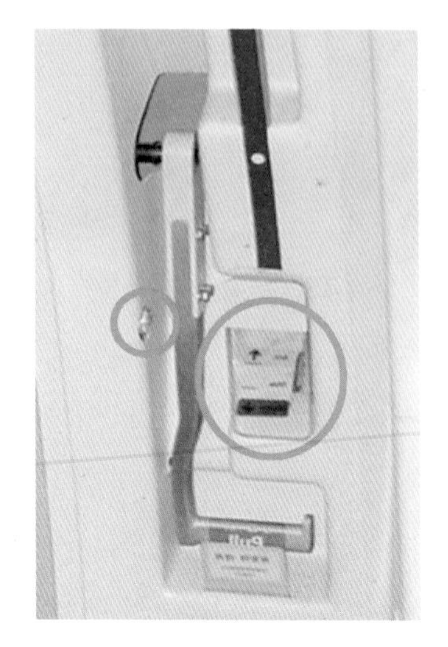

(1) 팽창위치(Armed Position)

- 왼손으로 Arming Lever Release Button(녹색)을 누르고 오른손으로 Arming Lever를 안으로 밀어 넣는다.
- Armed가 되면 Door Handle을 함부로 작동시키지 못하게 Indicator(노란색 플라스틱 재질)가 가로막혀 올라온다.

(2) 정상위치(Disarmed Position)

- Armed Lever를 앞쪽으로 당긴다.
- Armed Indicator(노란색 플라스틱 재질)가 안쪽으로 들어간다.

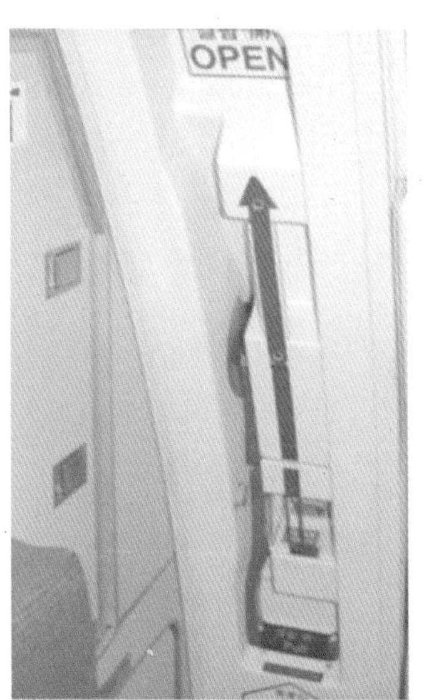

4) 비상상황 시 조작

- 우선 외부상황 확인을 통해 해당 Door로의 탈출 여부를 결정한다.
- Slide Mode가 팽창위치(Armed Position)인지 확인한다.
- Door Handle을 잡아 위로 올리면 Door가 열리면서 Slide가 10초 이내에 자동으로 팽창된다.
- Slide가 자동으로 팽창되지 않을 경우 손으로 Manual Inflation Handle을 신속히 잡아당긴다.

5) Slide/Raft 분리

- Slide가 팽창된 후 Slide/Raft Detachment Handle Cover를 벗긴다.
- 내부 흰색의 Detachment Handle을 당기면 기체로부터 분리되나, 만약 분리되지 않는다면 Survival Kit로 탑재되는 Knife를 이용하여 강제로 분리시킨다.

6) Overwing Exits

- 비상탈출 시에만 사용하는 Overwing Exits는 좌, 우 2개씩 총 4개가 있으며 좌우 각 1개씩의 Escape Slide가 장착되어 있다.

Open 방법

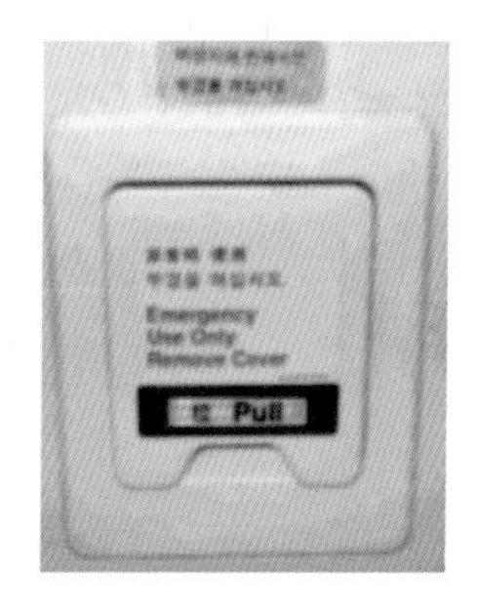

- Exit 상단에 있는 Handle Cover를 당겨서 벗긴다.
- 왼손으로 Cover 안쪽에 있는 Handle을 잡아당기고, 오른손으로 Exit 하단에 있는 Hand Grip을 잡아당기면 기체 외부에 팽창(Armed)상태로 장착되어 있는 Escape Slide는 팽창한다. 만약 Slide가 팽창되지 않았을 경우 Exit 안쪽 상단에 있는 Manual Inflation Handle을 당기면 부푼다.
- 반면 A321 기종과 같이 Door Handle을 위로 올리면 비상구가 열리면서 Slide가 팽창되기도 한다.

3. 320/321 Door

1) Door Open

- Door 담당은 slide Mode가 Disarmed인지를 확인해야 하며 Door window 하단에 있는 red indicator가 깜빡이지 않은 것을 확인하고 control handle을 위로 올려서 오픈한다.
- Door assist handle을 잡고 door를 밖으로 밀어내서 dust lock에 걸릴 때까지 오픈한다.

2) Door Close

- Gust lock을 눌러 Door 고정장치를 푼다.
- Door Assist handle을 잡고 Door를 안쪽으로 당긴다.
- Door control handle을 밑으로 당겨 close한다.
- Door가 정확하게 close 되었으면 Indicator상에 locked가 표시되므로 확인 후 매니저에게 보고한다.

3) Slide Mode **변경절차**

- Disarmed Position으로 변경 시
  - Door 담당은 Safety pin with red flag를 pin stowage로부터 뽑는다.
  - Door 담당은 Arming lever를 위로 올려 disarmed 위치로 한다.
  - Door 담당은 Safety pin with red flag를 arming lever 위에 있는 stowage에 넣는다.
- Armed Position으로 변경 시
  - Door 담당은 Safety pin with red falg를 뽑는다.
  - Door 담당은 Arming lever를 밑으로 눌러 slide mode를 armed에 위치시킨다.
  - Door 담당은 armed 시에 pin을 보관하는 pin stowage에 safety pin with red flag를 꽂는다.

4. 330

1) Door Open

- Door 담당은 slide Mode가 Disarmed인지를 확인하고 Door window 하단에 red indicator가 깜빡이지 않는 것을 확인하고 Door flame assit handle을 잡고 Door control handle을 위로 올려서 오픈한다.
- Door Assist Handle을 잡고 Door를 밖으로 밀어내어 Gust lock이 걸릴 때까지 오픈한다.

2) Door Close

- Gust lock을 눌러서 Door의 고정장치를 푼다.
- Door Assist handle을 잡고 Door를 안쪽으로 당긴다.
- Door control handle을 밑으로 당겨 내려서 완전히 닫는다.

3) Slide Mode **변경절차**

- Disarmed Position으로 변경 시
  - Door 담당은 safety pin with red flag를 pin stowage로부터 뽑는다.
  - Door 담당은 Slide Arming lever를 위로 올려 Disarmed 위치로 변경시킨다.
  - Door 담당은 safety pin with flag lever 위에 stowage에 넣어 보관한다.

- Armed Position으로 변경 시
  - Door 담당은 safety pin with red falg를 뽑는다.
  - Door 담당은 Arming lever를 밑으로 눌러 내려서 slide mode를 armed 위치로 변경시킨다.
  - Door 담당은 Armed 시에 pin을 보관하는 stowage에 넣어 pin flag를 보관한다.

5. 777

1) Door Open

- Door 담당은 slide Mode가 Disarmed인지를 확인하고 Door handle을 오픈 방향(화살표 방향)으로 돌린다.
- Door assist handle을 잡고 door를 밖으로 밀어내서 dust lock에 걸릴 때까지 오픈한다.

2) Door Close

- Gust lock handle을 당겨서 Door 고정장치를 푼다.
- Door Assist handle을 잡고 Door를 안쪽으로 당긴다.
- Door control handle을 오픈의 반대방향으로 돌린다.
- Door의 잠김상태를 확인한다.

3) Slide Mode 변경절차

- Disarmed Position으로 변경 시
  - Door 담당은 Access cover를 오픈한다.
  - Door 담당은 Mode selector handle을 아래로 내려 Manual position에 위치시킨다.
  - Access cover를 닫는다.

- Armed Position으로 변경 시
  - Door 담당은 Access cover를 오픈한다.
  - Door 담당은 Mode selector handle을 위로 올려 Automatic position에 위치시킨다.
  - Access cover를 닫는다.

6. 747

1) Door Open

- Door 담당은 slide Mode가 Disarmed인지를 확인하고 Door handle을 오픈 방향으로 돌린다.
- Door assist handle을 잡고 door를 밖으로 끝까지 밀어내서 dust lock에 걸릴 때까지 오픈한다.

2) Door Close

- Gust lock을 푼다.
- Door Assist handle을 잡고 Door를 안쪽으로 당긴다.
- Door control handle을 오픈의 반대방향으로 돌린다.
- Door의 잠김상태를 육안으로 확인한다.

3) Slide Mode **변경절차**

- Disarmed Position으로 변경 시
  - Door 담당은 Access cover를 오픈한다.
  - Door 담당은 Slide Mode selector handle을 위로 올려서 Disarmed position으로 변경시킨다.
  - Access cover를 닫는다.
- Armed Position으로 변경 시
  - Door 담당은 Access cover를 오픈한다.
  - Door 담당은 Slide Mode selector handle을 밑으로 내려서 Armed position으로 변경시킨다.
  - Access cover를 닫는다.

7. 350

1) Door Open

- Door 담당은 slide Mode가 Disarmed인지를 확인하고 Door flame assit handle을 잡고 Door control handle을 오픈 방향으로 들어 올려 slide armed indicator 상태를 확인한다.
- Slide armed indicator의 on 상태 확인 후 Door control handle을 완전히 올린다.
- Gust lock이 걸릴 때까지 오픈한다.

2) Door Close

- Door falme assist handle을 잡고 gust lock release push button을 누른다.
- Door가 Door flame 앞에 위치할 때까지 당긴다.
- Door control handle을 내려서 완전히 닫는다.
- Door locking indicator에 lockked가 보이는지 눈으로 확인한다.

3) Slide Mode 변경절차

- Disarmed Position으로 변경 시
  - Door 담당은 Access cover를 오픈한다.
  - Door 담당은 Slide Mode selector handle을 위로 올려서 Disarmed position으로 변경시킨다.
  - Access cover를 닫는다.
- Armed Position으로 변경 시
  - Door 담당은 Access cover를 오픈하고 Safety pin을 뽑는다.
  - Door 담당은 Slide Mode lever를 Armed position으로 변경시킨다.
  - Access cover를 닫는다.

4) 비상상황 시 Door를 Open할 경우

- 항공기 정지 후 1차적으로 observation window를 통해 외부상황을 점검하고 Door를 오픈해도 탈출에 지장이 없는지를 확인한다.
- Slide mode가 Armed 위치에 있는지 확인한다.
- Door flame Assist handle을 잡고 Door control handle을 오픈방향(화살표 방향)으로 올린다.
- Door가 자동으로 개방되며 기체에 Gust lock이 되고 slide raft가 팽창하게 된다.
- Slide raft가 정상적으로 팽창되지 않았을 경우 girt bar에 부착된 manual inflation handle을 당겨 수동으로 팽창시킨다.

8. 380

1) Door Open

- Door 담당은 seat blet sign이 오픈되었는지 확인한다.
- Door slide가 Disarmed positon에 있는지 확인하고 Door flame assit handle을 잡고 Door control handle을 오픈 방향으로 들어 올려 slide armed indicator 상태를 확인한다.
- Slide armed indicator의 off 상태 확인 후 Door control handle을 완전히 올린다.
- DISP에서 오픈 버튼을 눌러 Door가 완전히 개방되어 DSIP의 Fully open indicator에 on이 들어왔는지를 체크한다.

2) Door Close

- Door safety strap이 설치되어 있으면 먼저 제거한다.

- Door flame assist handle을 잡고 DSIP의 close 버튼을 Door가 Door flame 앞에 위치할 때까지 누른다.
- Door가 Flame 앞에 멈추면 Door Assist handle을 잡고 Door control Handle을 내려서 완전히 닫는다.
- DSIP상에 Locked indicator상에 Green light가 점등되었는지를 확인한다.
- Door locking indicator에 Green light가 켜졌는지 확인한다.

3) Slide Mode 변경절차

- Disarmed Position으로 변경 시
  - Door 담당은 slide mode lever의 cover를 오픈하고 Slide Mode Lever를 Armed position으로 변경한다.
  - Jump seat 하단 보관위치에 보관하던 Safety pin을 slide mode lever에 꽂아둔다.
- Armed Position으로 변경 시
  - Door 담당은 slide mode lever의 cover를 오픈하고 Safety pin을 뽑는다.
  - Slide Mode Lever를 Armed position으로 변경한다.
  - Safety pin은 Jump seat 하단 보관위치에 보관하고 slide mode lever의 cover를 close한다.

4) 비상상황 시 Door를 Open할 경우

- 항공기 정지 후 1차적으로 observation window를 통해 외부상황을 점검하고 Door를 오픈해도 탈출에 지장이 없는지를 확인한다.
- Slide mode가 Armed 위치에 있는지 확인한다.
- Door flame Assist handle을 잡고 Door control handle을 오픈방향(화살표 방향)으로 올린다.
- Door가 자동으로 개방되며 기체에 Gust lock이 되고 slide raft가 팽창하게 된다.

- Slide raft가 정상적으로 팽창되지 않았을 경우 Door flame 우측 상단에 위치한 manual inflation push(MIP) 버튼을 누른다.
- Slide raft가 팽창되지 않아 사용이 불가능한 경우 DSIP의 slide not ready가 적색으로 켜지고 2분가량의 경고음이 울린다. 이럴 때는 승객들을 사용 가능한 다른 비상구로 이동시킨다.

제4장

항공기 동력 및 시스템

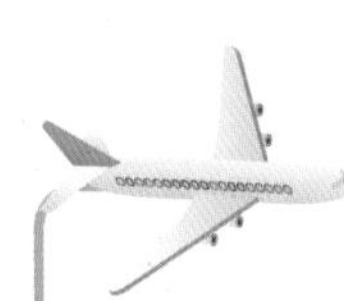

제4장 항공기 동력 및 시스템

제1절 항공기 동력

항공기 엔진은 항공기가 비행하는 힘(추력)을 발생시킴은 물론, 항공기가 비행하는 동안 필요한 기내여압, 전기, 냉난방을 위한 공기를 제공하는 발전기 역할을 한다. 그렇지만 항공기가 지상에 있을 때는 엔진을 가동시키지 않는다. 그 이유는 제트엔진에서 발생하는 후폭풍 등으로 인해 위험한 상황이 연출될 수 있기 때문이다. 그렇다면 지상에 있는 동안 항공기는 어떻게 전기를 지원받을 수 있을까?

1. A.P.U(Auxiliary Power Unit)

기본적으로 항공기의 각종 전자기기와 조명기기 등에 전력이 필요함은 물론이고, 승객을 위한 기내 냉난방을 위해서도 전력은 필요하다. 이러한 전자기기나 에어컨 가동을 위해 필요한 기내에서의 전력은 A.P.U(Auxiliary Power Unit)라는 보조발전기로부터 공급받는다. 이 A.P.U는 작은 규모의 엔진이라고 할 수 있지만 주 엔진처럼 추력을 발생시키지는 않는다. 다만 항공기가 지상에 있을 때만 전력공급을 위해 가동하는 소 엔진이다.

앞의 사진에서 보는 것처럼 A.P.U는 항공기 동체의 제일 끝에 설치되어 있고, 이 A.P.U 가동으로 인해 발생하는 배기가스는 항공기 동체의 제일 끝부분을 통해 외부로 배출된다.

2. G.P.U(Ground Power Unit)

항공기 자체 동력인 엔진과 A.P.U를 사용하고 있지 않을 때 항공기에 필요한 전기동력을 공급하는 지상 전원공급 장비가 있는데, 이를 G.P.U(외부 동력공급장치)라고 한다. 앞서 언급한 것처럼 지상에서 필요 전력을 얻기 위해 주 엔진을 가동시키기는 어렵고, 또한 A.P.U(보조 동력장치)는 기내에 탑재된 연료를 소모해야 하므로 환경문제 등을 고려하지 않을 수 없기 때문에 공항에서 주기된 항공기는 대부분 상대적 연료 소모율이 작은 G.P.U를 최대한 활용한다.

그러나 인천공항을 포함한 해외 신공항에서는 사진에서 보는 것처럼 항공기 탑승교(Bridge)에 연결되어 있는 G.P.U를 사용하고 있다. 이는 지상에서의 이동상의 항공기 안전사고를 예방할 수 있고 항공사 자체 장비 없이도 지상에서의 공급이 가능하다는 장점이 있기 때문이다.

G.P.U 호스를 항공기에 연결시켜 놓아 에어컨 등을 기내에 불어 넣을 수 있다.

제2절 기내 주요 시스템

1. Light System

항공기의 조명은 엔진에 의해 지원되나 주 전원이 차단되어 더 이상 공급되지 않을 때 기내에는 비상등이 자동적으로 켜진다. 이러한 비상등은 특히 야간 또는 기내 연기 등의 시야가 확보되지 않은 상태에서 중요하다. 비상등은 비상탈출 시 승객들을 항공기 바닥에 표시된 유도등과 도어의 비상구를 통해 쉽게 탈출할 수 있도록 도움을 준다.

1) Cabin Light

대부분의 기내 조명은 Cabin Crew Jump Seat 인근에 위치한 Panel에서 조절한다. 기내 조명은 단순한 조명이 목적이 아니라 승객들이 여행 중 편안한 분위기를 느끼게 해준다. 항공기 조명은 간접 반사광(Indirect Reflective Illumination)으로 3~4단계로 강도가 조절된다.

2) Galley Light

Galley(주방)의 조명장치로 각 Galley마다 Control Panel이 있다.

3) Passenger Reading Light

승객은 비행 중 좌석에 앉아서 개인 독서물 혹은 신문을 읽을 때 각 승객 좌석별 선반 위에 장착되어 있는 조명을 이용할 수 있다. Light Turn On 및 Off 그리고 조절은 Armrest에 있는 P.C.U(Passenger Control Unit)에서 가능하다.

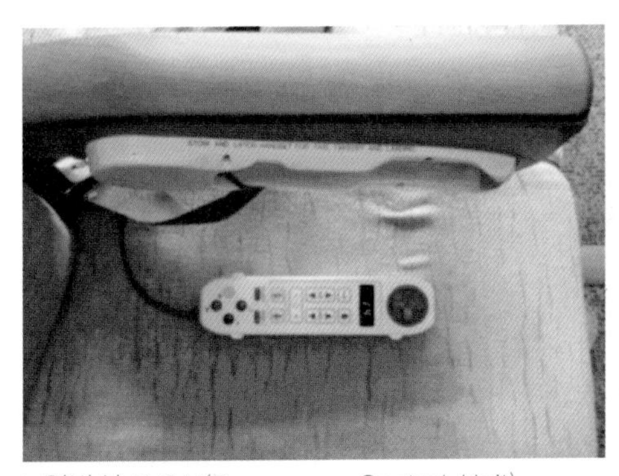
▸ 일반석 P.C.U(Passenger Control Unit)

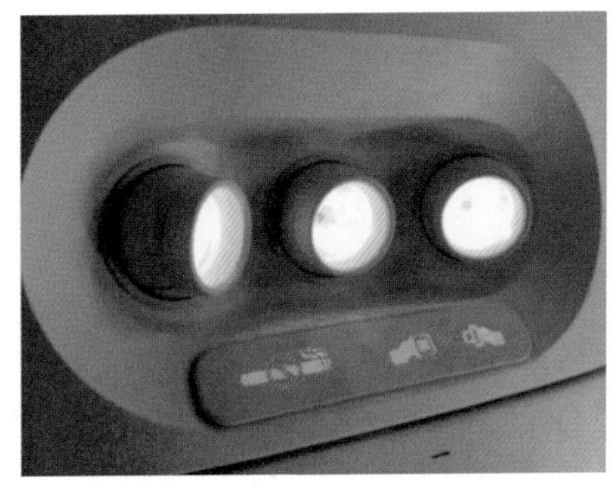
▸ A330 일반석(Reading Light)

▸ B777 일반석(Reading Light)

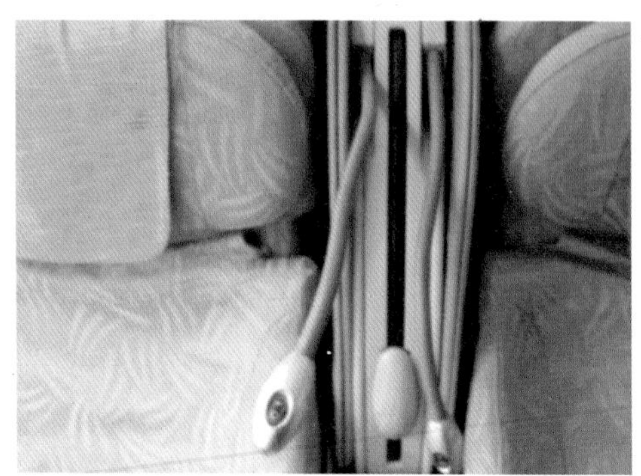

▸ 이등석(B/C)의 Reading Light

4) Lavatory Light

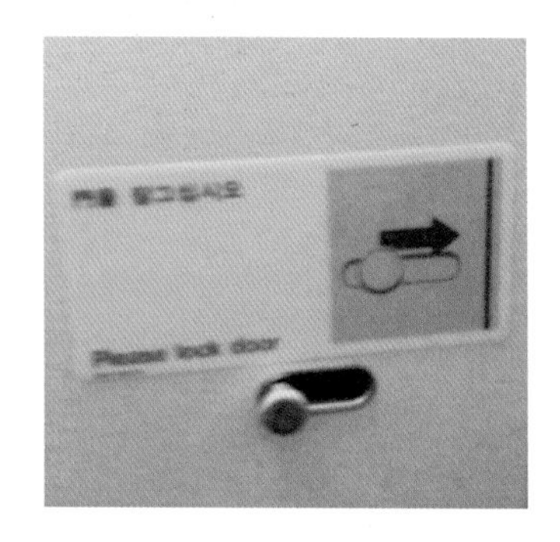

항공기의 전원이 공급되면 화장실의 조명은 Dim상태를 유지하나 화장실 도어가 Lock이 되면 조명은 Bright로 바뀐다. 화장실 내부에서 Lock하면 내부 Light가 켜진다.

5) Ceiling Light

객실의 주 조명시설로 객실 천장에서 객실 내부를 밝혀준다. Overhead Bin 상단의 천장을 조명하여 Night, Off, Dim, Medium, Bright의 5단계로 조절이 가능하다.

▸ 스크린 터치 방식의 B777 객실 조명 Control Panel

▸ 객실 내 Ceiling Light

6) Side Wall Light 또는 Window Light

기내 Window 위에 설치되어 있으며 객실 창문 안쪽을 밝혀준다. Off, Dim, Bright의 3단계로 조절된다.

7) Entry Light

승객의 탑승, 하기 및 비상사태 발생 시 안전을 위해 항공기 출입구에 설치되어 있다. 보통 Dim, Off, Bright의 3단계로 조절된다.

2. Interphone System

인터폰은 승무원 상호 간 의사전달을 위한 장비이다. 과거와 달리 현재는 Handset으로 방송과 인터폰 두 가지 기능이 복합된 각각의 독립적 사용이 가능하게 되어 있다. 인터폰은 전화기 형태의 Handset으로 조종석, 각 승무원 좌석, 갤리(Galley), 승무원 휴식공간인 벙커(Bunker) 등에 비치되어 있다.

승무원으로부터 인터폰 Call이 오면 해당 구역 내 천장(Ceiling)에 설치된 Master Call Light Display에 Chime이 울리고 Red Light가 점등된다. 인터폰은 Handset에 있는 다이얼 버튼을 눌러 상대방 구역을 호출하는 방식이다.

각 구역마다 두 자리 수의 고유번호가 있으며, 첫 단위는 왼쪽과 오른쪽을 의미하며 왼쪽은 1번, 그리고 오른쪽은 2번으로 전방으로부터 차례로 부여받은 1, 2, 3, 4, 5의 지정번호와 함께 누르면 된다. 예를 들면, 왼쪽 3번째 구역을 호출하려면 1번과 3번을 합쳐 13을 누르면 된다.

▶ A330 Handset

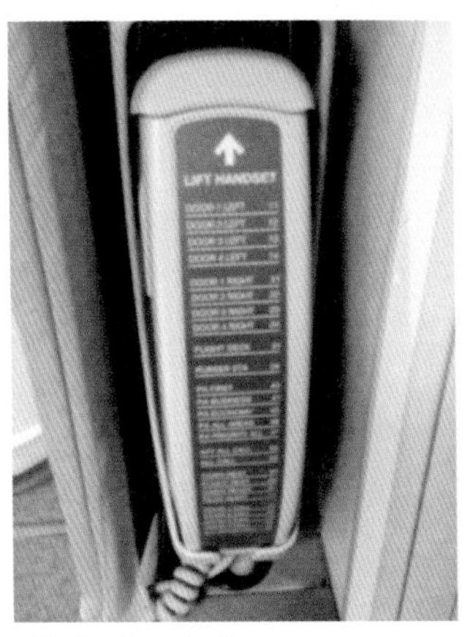

▶ B777 Handset

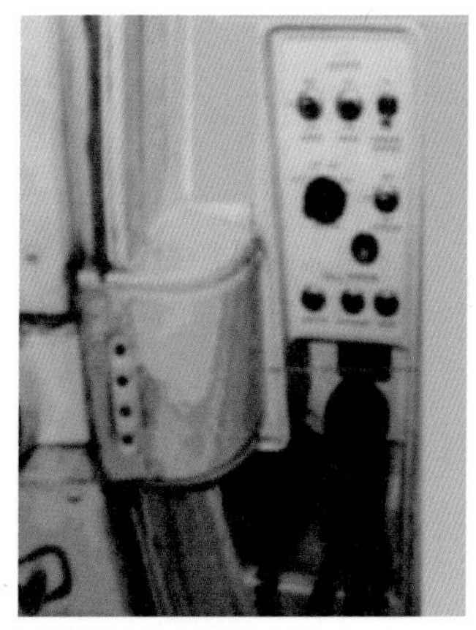

▸ B737 Handset

1) Master Call Display

승객이 승무원을 호출하거나 객실승무원 상호 간 또는 객실승무원이 기장과 통화하고자 하는 것을 Master Call Display와 Chime을 통해 알 수 있다.

Master Call Display상의 색상 구분

- Blue : 승객이 좌석에서 승무원을 Call할 때
- Amber : 화장실에서 승무원을 Call할 때
- Red : 조종실 또는 승무원 근무지역에서 승무원을 Call할 때

▸ B747 Master Call Display

▸ B777 Master Call Display

2) Public Address System

객실승무원들은 출발 전인 Ground에서부터 기내방송을 위한 PA상태를 항시 점검해야 한다. 기내방송이 중요한 이유는 탑승한 승객에게 비행 출발부터 비행 종료까지 필요한 정보들을 전달하며, 또한 기내에서 비상상황 발생 시 승객에게 안내를 해야 하기 때문이다.

(1) PA 사용법

- PA Holder로부터 Handset을 꺼낸다.
- 해당 Button을 누른다.
- Handset에 PTT(Push-To-Talk) Button을 누르고 말한다.
- Reset시키기 위해 'Reset' Button을 누르거나 Handset을 원위치한다.

(2) PA Priority(기내방송의 우선순위)

기내방송에도 우선순위가 있는바, 객실에서 방송 중일지라도 조종석의 기장이 PA를 실시한다면 기장방송이 우선한다.

- 1순위 : Cockpit(조종석) PA
- 2순위 : Cabin(객실) PA
- 3순위 : Pre-Recorded Announcement
- 4순위 : 기타(Video 및 Audio System, Boarding Music)

또한 승객들이 청취 혹은 시청하는 음악 내지 영화상영도 기장 및 승무원이 방송을 하면 일시적으로 작동이 멈추게 되어 있다.

3) Entertainment System

기내에서 승객들에게 제공하는 기내 상영물과 관련하여 오디오/비디오 시스템 및 비디오 스크린, 그리고 모니터 등을 승무원들은 출발 전에 점검해야 한다.

(1) Boarding Music

항공기에서 승객의 탑승 및 하기 시에 사용하는 기내 음악으로 대부분의 항공사에서는 정서적 안정감을 주는 클래식 음악을 사용한다.

(2) Seat Music 및 영화 Channel

승객이 좌석에서 음악을 듣고, 영화를 볼 수 있도록 Entertainment System을 제공하고 있다. 이와 같은 시스템은 개인별 좌석의 P.C.U(Passenger Control Unit)에서 작동할 수 있다.

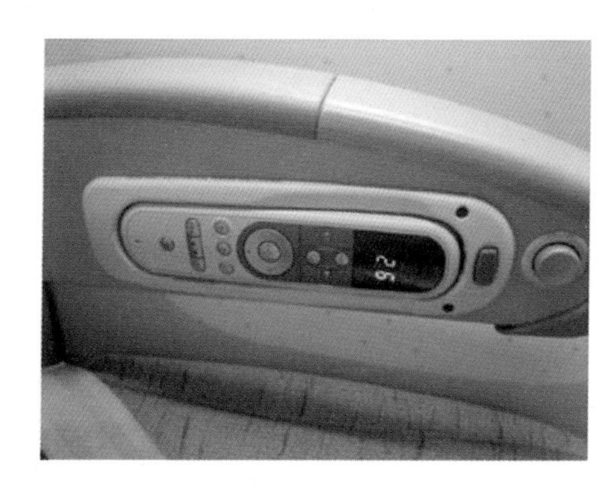

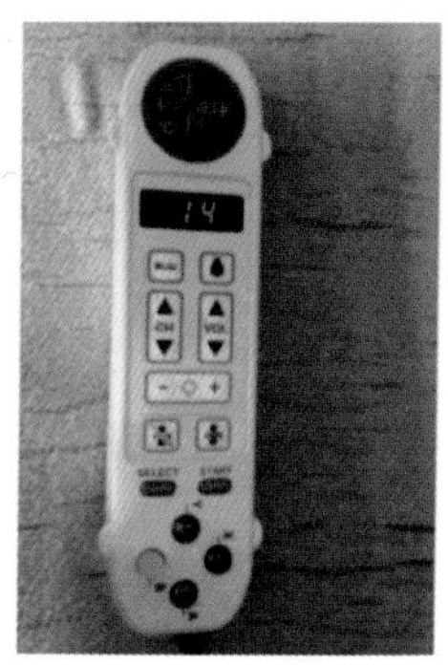

4) Passenger Call System

승객 좌석에서 Call Button을 누른 경우 좌석 상단 천장의 Call Button이나 조그만 Indicator에 Light가 켜지고 Master Call Light Display에 'Blue' Light가 켜지면서 Single Chime이 울린다. Reset하려면 해당 승객 좌석의 Reset Button을 누르면 된다.

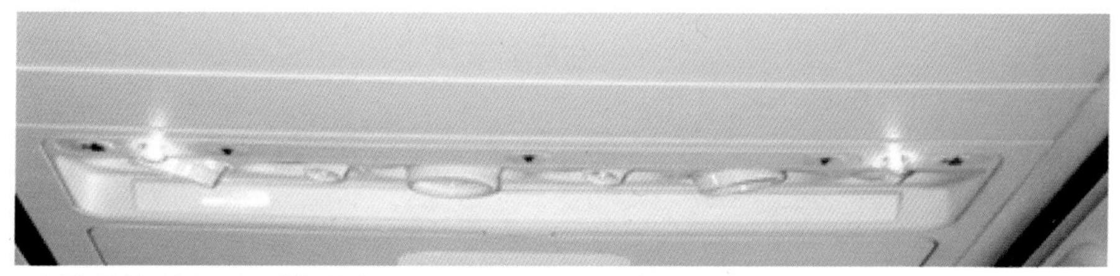

▸ 승객 호출 Light가 켜진 모습

(1) 승객이 화장실 내에서 승무원을 호출할 경우

- 화장실 외부 벽면에 Indicator Light가 켜진다.
- Master Call Display에 'Amber' Light가 점등된다.
- Single Chime이 울린다.

(2) Reset방법

- 화장실 내부의 Call Button을 한 번 더 누른다.
- 화장실 외벽의 Indicator Light를 누른다.

5) 'No Smoking' Sign, 'Fasten Seatbelt' Sign, Lavatory Occupied Sign

'No Smoking' Sign, 'Fasten Seatbelt' Sign들은 승객 좌석의 상단 천장, 복도 Overhead 그리고 화장실에 설치되어 있으며 각 Sign이 On/Off될 때는 Single Chime이 울린다.

▸ 개인별 좌석 상단 Passenger Service Unit

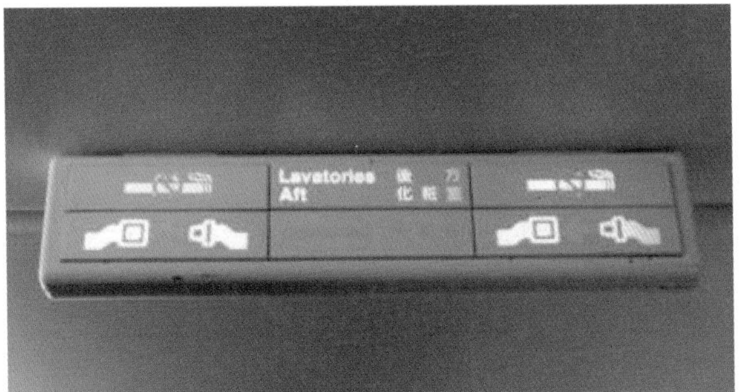

▸ 객실 통로 Ceiling 내 표지

'Lavatory Occupied' Sign은 화장실을 사용 중일 때 White Light에서 Green Light로 변경된다. 이를 통해 화장실 사용 여부를 승객 좌석에서도 쉽게 인지 가능하여 화장실 문 앞에서 기다릴 필요가 없다.

화장실 안에서 문을 잠그면 문밖에서는 붉은색의 'Occupied' Sign이 나타나며, 반대로 화장실을 개방하면 초록색의 'Vacant' Sign으로 변한다.

▸ 화장실 사용 중일 때의 표시등

▸ 화장실 내부에서 Lock하는 모습

제5장

비상상황별 절차

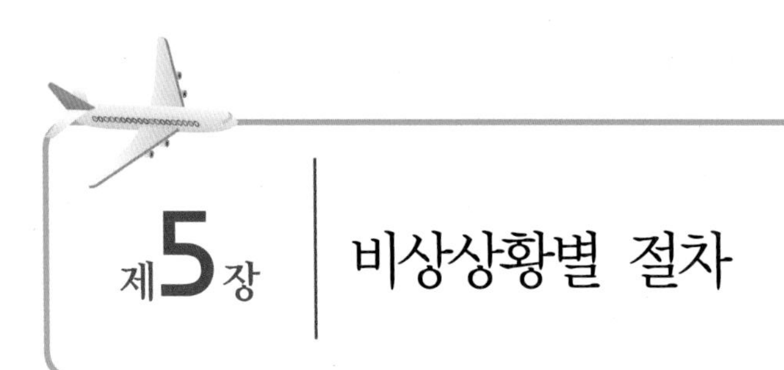

제5장 비상상황별 절차

항공기가 비행 중에 기체이상 또는 돌발적 기상 악화로 비상조치를 취하지 않으면 승객 및 항공기의 안전을 저해할 수 있는 위기상황을 비상상태라고 한다. 이러한 비상상황이 발생되면 승무원들은 평소 배우고 익힌 상황별 절차에 따라 행동조치가 이루어지며, 항공기는 가까운 대체공항을 찾아 탑승한 승객을 안전하게 착륙시켜야 한다. 이러한 모든 행위를 항공기 비상절차라고 한다. 실질적으로 항공기 사고는 평소 안전업무를 소홀함으로써 발생되는 경우가 많아 신속하게 대처하지 않으면 큰 인명피해를 초래한다.

비상사태에서는 승객들의 동요와 흥분으로 자칫 통제가 어려운 단계로 발전할 수 있다. 따라서 승객들을 통제하고 정해진 절차에 따라 침착하게 임무를 수행하기 위해서는 평소 반복된 훈련을 해야만 이러한 위기상황을 극복할 수 있을 것이다.

그렇다면 이러한 비상사태를 유발하는 주요 원인들은 무엇일까?

과거 사례를 보면, 조종사들의 잘못된 조작과 오판이 가장 큰 요인이고, 그 외 기체결함, 기상악화, 객실 내의 화재 및 감압, 테러범들의 항공기 납치 등의 원인들이 있다. 만약 이러한 비상사태 발생 시 객실상황을 예측해 본다면 어떠한 일들이 발생될까? 먼저 비상사태에 따른 승객들의 동요가 발생하게 되고 항공기 전원공급이 중단되어 객실은 암흑과 같은 상태가 될 것이다.

또한 화재로 인한 연기발생으로 질식하거나 객실 내 시스템의 작동 불능으로 승객들은 더욱 혼란스러워질 것이다. 보통 항공기의 비상착륙이 결정되면, 착륙지역이 육지인 경우 비상착륙(Emergency Landing)이라 하며, 바다, 강, 호수 등이면 비상착수(Emergency Ditching)라고 한다.

또한 비상탈출 시 시간적 여유가 충분하여 승객들에게 정보와 탈출 절차를 주지시킬 수 있는 상황이 되면 계획된 착륙(Planned Evacuation)을 실시하고, 반면 시간 여유가 없을 경우 계획되지 않는 착륙(Unplanned Evacuation)을 실시하게 된다.

비상상황은 다양한 이유로 발생될 수 있고 승무원들의 조치가 각 상황에 맞게 수반되는 것이 중요하다. 따라서 이와 같은 예기치 못한 비상상황에 대비하기 위해 승무원들은 평상시 안전업무에 대한 규정과 지침사항들을 숙지하고 준수해야 한다.

제1절 객실 감압(Decompression)

객실 감압이란 객실 내부의 가압된 상태가 기체 손상이나 항공기의 결함으로 기내 압력이 급격히 떨어지는 상태를 말한다.

보통 기체에서의 손상은 Door 혹은 Window 이음새를 통해 기내 압력이 빠져나가기도 하지만 폭발물에 의한 폭발 등과 같은 원인으로 항공기 내, 외벽이 손상되어 기내 압력이 빠져나가 발생하게 된다. 이와 같은 상황이 발생되면 객실 내에는 산소가 부족하게 되며, 이때 기체는 자동적으로 비상 산소공급 장치가 가동되기 시작한다. 만약 즉시적인 산소공급이 이루어지지 않으면 기내 모든 사람들은 산소가 부족하여 의식을 잃을 수 있으며 생명에 위험을 초래하게 되므로 객실승무원들의 신속한 조치가 필요하다.

감압은 이론상 고도가 높아질수록 대기 압력이 감소하고 인체 내 혈액 산소 용해량이 줄어들면서 산소부족 현상이 발생된다. 그만큼 고도가 높아질수록 생명체가 살 수 없는 조건으로 이러한 예는 높은 산 정상에서 산소마스크를 착용한 등산가의 모습에서 추측할 수 있다. 그렇다면 항공기는 보통 순항고도 35,000ft까지 상승하는데, 기내에서 승객들은 어떻게 숨을 쉴 수 있을까?

▶ 폭발에 의해 항공기 동체 하부가 심각하게 손상된 모습

미국 연방항공국(FAA)에서는 기내 객실 압력을 7,000ft에 상당하는 기압으로 유지하도록 모든 항공기에 여압장치의 구비를 요구하고 있다. 따라서 실제 35,000ft에서는 별도의 생존장비가 필요하나 항공기 기내에서는 여압장치로 인해 마치 지상과 같은 환경이 조성되어 있어 탑승한 승객들은 아무런 불편이 없는 것이다.

그렇다면 여압장치란 무엇이고 어떠한 역할을 하는지 알아보자.

여압장치란 인체가 편한 상태를 유지할 수 있게 기압을 조절하는 장치로, 고도가 높아질 때 항공기 내부의 압축공기를 강제로 순환시켜 외부보다 높은 압력을 내게 함으로써 사람이 호흡할 수 있는 환경을 만들어 주는 것이다.

감압은 진행되는 속도에 따라 완만한 감압(Slow Decompression)과 급격한 감압(Rapid Decompression)으로 분류할 수 있다.

1. 완만한 감압(Slow Decompression)

- 비행 중 기내 압력이 서서히 빠져나가는 현상이며 기내 고도가 천천히 상승하면 귀가 멍멍해지거나 통증을 느낄 수 있다.
- 이는 불완전한 Door의 잠김이나 Window 이음새를 통해 기압(Air Pressure)이 빠져나가 발생하거나 여압장치(Pressurization System)의 이상으로도 발생할 수 있다.

2. 급격한 감압(Rapid Decompression)

- 급격한 감압(Rapid Decompression)은 비행 중 기내 압력(Cabin Pressure)이 빠른 시간 내에 빠져나가는 현상이며 내·외부의 압력차이가 거의 없다.
- 주로 항공기 외벽의 손상(Metal Fatigue), 폭발물의 폭발(Bomb Explosion), 화재(Firing) 등에 의한 기체 손상으로 발생한다.

급격한 감압 발생 시 현상

- 객실 내에 찬바람이 유입된다.
- 파편조각이 날아다닌다.
- 객실 온도가 하락한다.
- 굉음소리가 심하다.
- 객실 내 안개현상이 나타난다.
- 객실 내 먼지가 일어난다.
- 귀가 막힌다.

감압 발생 시 나타나는 현상을 좀 더 구체적으로 살펴보면 다음과 같다.

1) 감압에 의한 공통현상

(1) 산소마스크가 승객 좌석 선반에서 떨어진다

(2) 자동 감압방송이 실시된다

"비상강하 중(Attention Emergency Descent!)"

"벨트를 매고 마스크를 코와 입에 대시오!"

(3) 금연신호 및 좌석벨트 착용신호가 점등된다

"No Smoking Sign"

"Fasten Seatbelt Sign On"

(4) 객실 조명이 Full Bright로 조절된다

모든 항공기는 산소를 저장하고 공급해 주는 장비를 갖추어야 한다. 즉 산소공급 기구는 필요시 어느 좌석에 있던지 즉시 이용할 수 있도록 갖추어져 있어야 한다.

기내 감압상태가 되면 산소를 공급하는 산소 공급시스템이 자동으로 작동된다. 이러한 객실 산소 공급으로는 화학반응식 개별 산소 공급시스템과 Tank 산소 공급시스템의 두 종류가 있다.

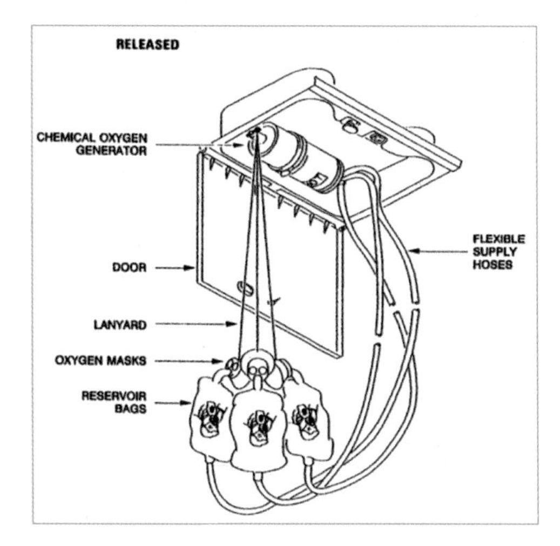

화학반응식 개별 산소 공급시스템이란 승객 좌석, 화장실, 승무원 좌석(Jump seat) 그리고 Galley Ceiling Compartment에서 떨어진 산소마스크 중, 어느 하나만 당겨도 산소 발생기에 연결되어 있어 모든 마스크에 산소가 공급된다. 이는 마스크를 당기면 산소 발생기가 화학작용(Chemical Reaction)을 일으켜 산소가 공급되도록 제작되었기 때문이다. 이러한 화학작용으로 산소가 발생하면 분당 2 Liter의 산소가 약 15분간 공급되며, 일단 화학반응이 일어나면 도중에 중단시킬 수 없다. 이는 B747 항공기를 제외한 B770, A330 등의 Ceiling에 설치되어 있다.

경우에 따라 작동 중에 내부 화학작용으로 인해 타는 냄새와 함께 열이 발생되기도 한다. 반면 B747 항공기에는 유일하게 Tank 산소 공급시스템이 갖추어져 있어 산소가 공급된다.

Tank 산소 공급시스템은 감압상태에서 객실고도가 약 14,000ft에 도달 시 Ceiling Compartment가 자동으로 열리면서 산소마스크가 내려오는데, 이때 산소가 자동적으로 공급된다. 1분당 2Liter의 산소가 공급되는데, 객실고도가 10,000ft로 낮아지면 산소 공급이 서서히 감소된다.

이어서 항공기가 안전고도에 이르면 조종실에서 산소 공급을 중단시킬 수 있다. 만약 Tank 산소 공급시스템에 의해 공급되는 산소마스크가 떨어지지 않으면 Ceiling Compartment 내 작은 구멍에 Manual Release Tool 또는 뾰족한 물건(볼펜심 등)을 넣어 Ceiling Compartment를 열 수 있다.

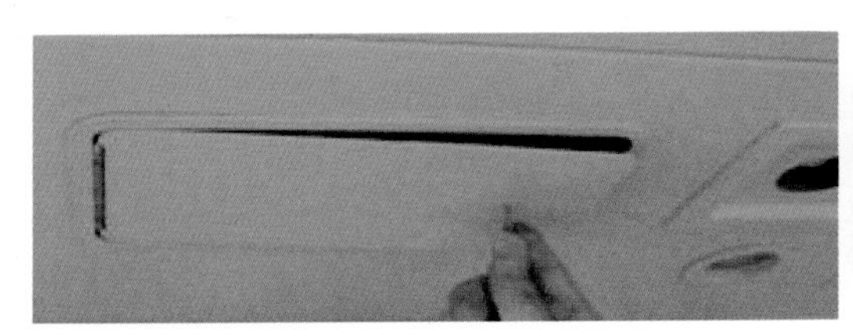
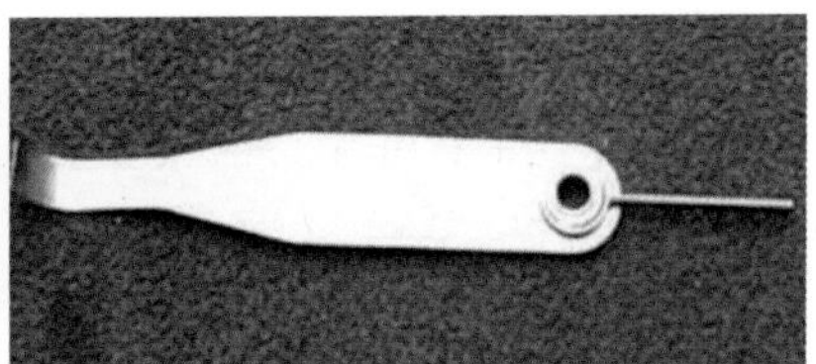

▶ Manual Release Tool

감압현상 발생 시 운항승무원과 객실승무원은 다음과 같이 조치를 취한다.

① 운항승무원

- 산소마스크를 즉시 착용하고 항공기의 고도를 10,000ft까지 신속히 낮춘다.
- No Smoking Sign과 Fastern Seatbelt Sign을 점등시킨다.

② 객실승무원

- 근처 빈 좌석에 즉시 착석하고 산소마스크를 신속히 착용한다.
- 빈 좌석이 없는 경우, 좌석의 팔걸이에 앉거나 바닥에 앉아 최대한 몸을 낮춘다.
- 산소마스크를 착용토록 승객들에게 Shouting 혹은 방송을 실시한다.
  "산소마스크를 쓰시오(Put on the mask)."
  "좌석벨트를 매시오(Fasten your seat belt)."
- 어린이를 동반한 경우 산소마스크는 부모 혹은 보호자가 먼저 착용하고 어린이를 착용하게 한다.

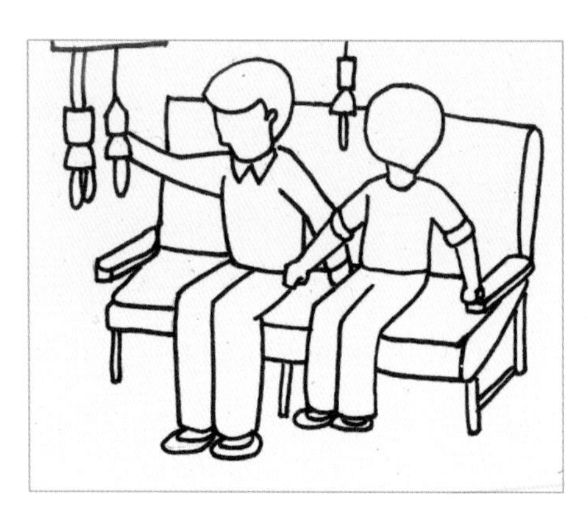

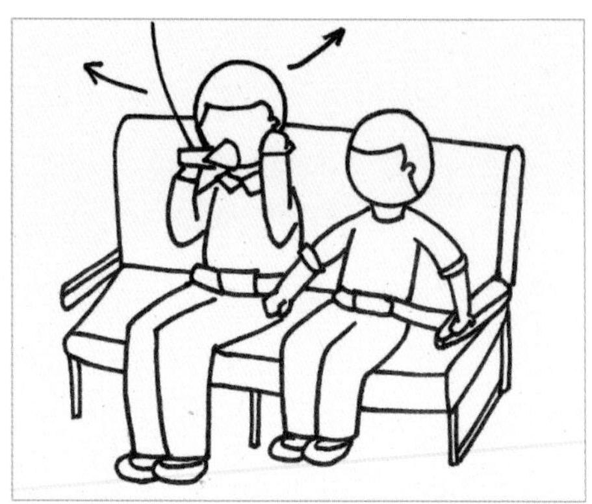

▸ 산소마스크가 내려오면 먼저 보호자부터 착용한다.

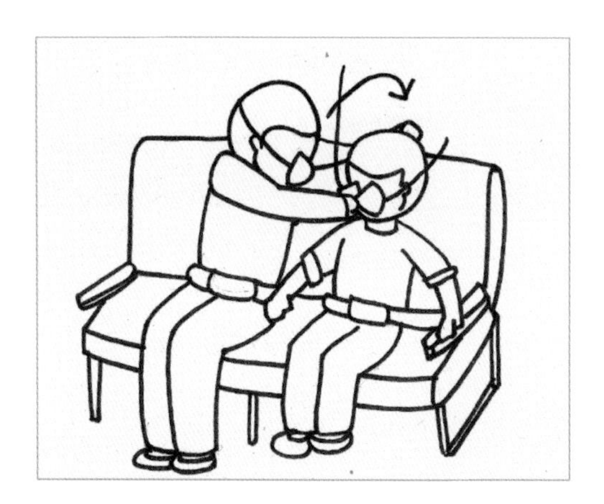

▸ 이후 동반한 어린아이에게 산소마스크를 착용시킨다.

- 승무원은 O_2 Bottle을 착용하고 승객의 산소마스크 착용을 돕는다. 만약 산소마스크가 떨어지지 않는 좌석이 있으면 승무원 좌석 하단의 Manual Release Tool을 이용하여 머리 위, 산소마스크 보관 홈(작은 구멍)을 눌러 마스크를 수동으로 떨어뜨린다.
- 해당 좌석 열에 산소마스크가 모자라면 남는 산소마스크를 앞과 뒤 열에서 당겨 착용하게 한다.

2) Portable Oxygen Bottle

감압 발생 시 객실승무원들이 휴대용으로 사용하고, 응급환자 발생 시는 응급처치용으로도 사용한다.

(1) O_2 Bottle 사용 시 주의사항

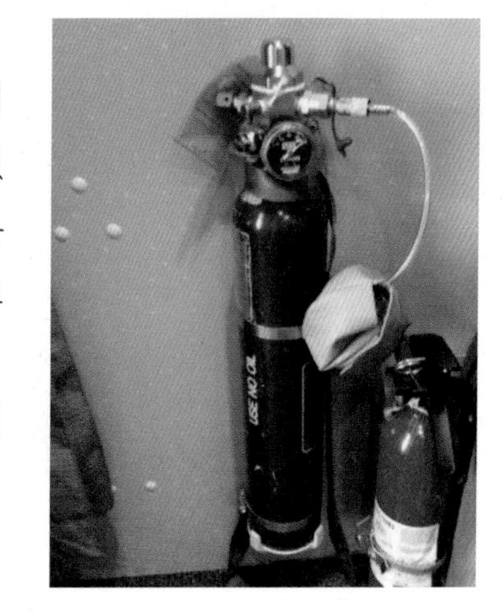

- 승무원 사용에 대비하여 늘 적당량이 남아 있어야 하며, 특히 화재 주위에는 폭발 위험성이 있으므로 안전한 곳으로 옮겨 놓는다. 사용 후에는 반드시 기록해야 하는데 이는 향후 지상에서 교체하기 위함이다.
- 심장병이나 노약자인 경우 산소공급을 Low 위치에 연결해서 사용한다.

(2) 감압현상 이후 객실승무원들의 조치사항

- 기장으로부터 항공기가 안정되고 객실 내에서 이동 허가 연락이 오면 객실 전체와 승객 상태를 점검하는데, 이때 승객들은 불안 및 동요의 심리상태에 있으므로 안심시키는 것이 중요하다.
- 부상승객 및 감압 후유증을 겪는 승객에게는 즉시 응급처치를 실시하고, 저산소증(Hypoxia) 승객에게는 휴대용 산소공급기로 산소를 공급한다.
- 동체 파손 혹은 균열이 있는 경우 해당 Zone에 위치한 승객들을 다른 Zone으로 신속히 이동시킨다.
- 승무원들은 객실 내 위험요소들을 파악하고 객실 Ceiling에서 떨어진 마스크는 원위치하지 말고 승객 앞 좌석주머니에 두도록 한다.

(3) 감압현상 후 인체에 나타나는 후유증

① 저산소증(Hypoxia)

저산소증이란 혈액이나 체내 세포 및 조직에 산소결핍으로 발생하며, 뇌에 산소공급이 부족하면 의식을 잃게 된다.

저산소증(Hypoxia)은 개인의 신체적 상태(체력, 피로도, 심장질환, 폐질환, 저혈당

등)에 따라 인체반응이 다르게 나타나는데, 평소 산소 흡입량이 많은 사람은 저산소증의 후유증을 빨리 겪게 된다.

저산소증의 증세는 다음과 같다.

- 입술, 볼, 귀 및 손톱 등이 푸른색으로 변하고 시간이 흐르면 의식을 잃는다.
- 시력이 안 좋아지고 신체적 균형감각을 잃게 된다.
- 호흡이 빨라지고 두통과 어지럼증을 호소한다.
- 불안과 초조함 등 주의력에 문제가 발생한다.

② 감압증(Decompression Sickness)

감압증이란 혈액에 발생하는 질소의 기포방울이 혈관을 막아 혈액순환을 방해하여 신진대사를 원활하게 하지 못해 발생한다. 급감압 시 호흡곤란, 구토, 이통, 현기증, 피부 가려움증 등으로 나타나며 의식 가능시간(T.U.C)이 지나면 의식을 상실하게 된다.

의식 가능시간(Time of Useful Consciousness; T.U.C)이란 별도의 산소공급 없이도 정상적인 활동이 가능한 시간을 의미하는데, 이러한 의식 가능시간에 영향을 미치는 요소는 고도이다.

보통 항공기 순항고도인 35,000ft를 기준으로 하였을 때, 급격한 감압 시는 30초~1분이며, 완만한 감압 시는 1~2분을 의식 가능시간으로 판단한다.

감압증의 증세로는

- 피부발진과 가슴통증 그리고 두통이 나타난다.
- 발한증세가 나타나고 시야가 약해지며 움직임이 둔해진다.

이와 같은 증세를 보이는 승객에게는 안정을 취하도록 하며 가급적 움직이지 않도록 하고 즉시 응급조치를 취한다.

사고사례

1988년 4월 28일 미국 알로하 에어라인 소속 243편(B737-200)이 비행 중 2만 4천 피트에서 동체 전방위의 일부가 떨어져 나가면서 승객 89명과 객실승무원 1명이 외부로 빨려나가 사망했고, 65명이 부상을 입는 사고가 발생하였다. 사고 원인으로는 항공기 동체의 금속부식이라는 전문가의 의견이 있었다.

제2절 기내 연기 및 화재(Smoke & Fire)

기내 화재를 발생시키는 주요 원인으로는 인재 및 기체의 결함에서 발생되는 경우가 대부분이다. 특히 화장실에서의 흡연과 Galley 내 전원장치의 과부하 및 과열에 의한 화재 가능성이 높다.

기내 화재가 위험하다고 판단하는 이유는 객실은 비교적 공간이 좁은 관계로 연기나 화재 발생 시 대피하기에 어려움이 있고, 특히 연기 발생 시 항공기 밖으로는 배출하기가 어렵기 때문이다. 또한 화재는 진화에 어려움이 있고, 특히 운항 중일 때 외부의 도움을 받을 수 없어 자칫 대형 화재로 발전될 소지가 높다.

비행 중에는 기내 화재에 의한 연기가 급속히 번져서 승객들을 동요와 혼란에 빠뜨

리기 쉽다. 특히 기내라는 곳은 대부분 화재에 약한 물질 및 화재 시 심한 연기와 독성 가스가 발생되기에 신속한 진압이 중요하다.

그렇다면 화재 발생 시 어떻게 해야 할까?

우선 객실승무원이 화재를 신속히 진압할 수 없다면 기장은 즉시 10,000ft 안전고도까지 강하하고 가까운 대체공항으로 비상착륙을 해야 한다. 착륙 이후 신속히 기체로부터 탈출해야 승객의 희생을 최소화할 수 있다.

1. 화재 진압(Fire Fighting)

우선 일반적인 화재 진압은 대체로 물소화기를 사용한다. 항공기에서는 이러한 H_2O 소화기 외에도 승객에게 기내음료로 제공되는 물, 사이다, 콜라 등의 비가연성 액체를 사용하여 화재를 진압할 수 있다. 또한 기내에는 Halon 소화기가 탑재되는데, Halon은 공기보다 무겁기 때문에 화재의 연료에 공기가 결합하는 것을 막는 피막효과가 있다. 이러한 원리를 이용해 화재를 진압할 수 있다.

기내에서의 화재유형

- Class A : 기내 리넨, 잡지, 가방 등
- Class B : Oven 안의 누적된 기름, 아세톤, 기타 가연성 액체 등
- Class C : Coffee Maker, 냉장고, Oven, 압축 쓰레기통 등 전자장비

2. 화재 발생 시 객실승무원의 행동절차

① 화재상황을 운항승무원에게 신속히 알리고 동료 승무원에게도 알려 화재 진압의 도움을 요청한다. 주로 소화기, 젖은 옷이나 담요 등을 이용해 진압하고, 승객들의 동요를 진정시키는 것이 중요하다.

기장에게 상황보고 시 포함내용

- 화재나 연기의 위치(L1 화장실 혹은 AFT Galley 등)
- 냄새(기름, 전기, 고무, 종이 타는 냄새 등)
- 연기의 특성 및 색깔(연기의 농도와 모양, 연기의 색 등)

〈보고 예〉

"현재 R3 Door 인근 화장실에서 흰색 연기가 발생하고 있으며, 종이 타는 듯한 냄새가 납니다."

"일부 놀란 승객이 있으나 자리를 앞자리로 옮겨드렸고, 해당 화장실 안에는 사람이 없어 보입니다. 또한 화장실 문을 만져보니 화기의 정도는 심해 보이지 않습니다. 신속히 화재를 진압하도록 하겠습니다."

② 연기나 화재가 난 곳을 찾아서 소화기로 진압하며, 화재 진압 명령을 받은 승무원은 P.B.E, 방화장갑 및 방화복을 착용한다.

③ 화재의 성격에 맞는 적합한 소화기를 결정하고, 신속하게 초기에 진압해야 한다. 화재 유형별 사용 가능한 소화기가 다르므로 화재의 진원지를 찾아 화재의 유형을 파악하는 것이 중요하다. 만일 화재 유형을 모른다면, Halon 소화기를 먼저 사용한 후 H_2O 소화기를 사용하는 것이 안전하다.

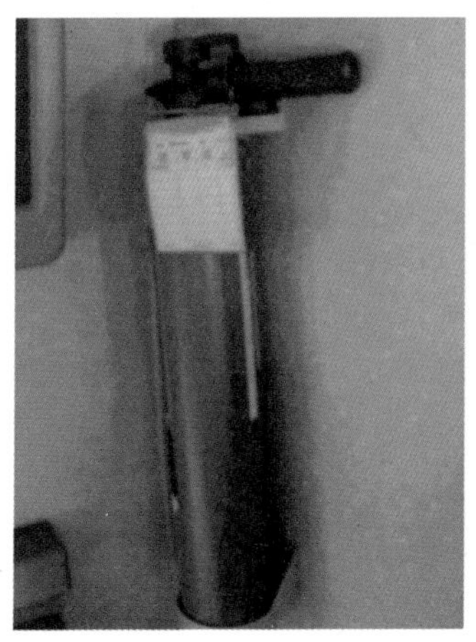

▶물 소화기

▶Halon 소화기

㉠ 화재요인 : 기내 리넨, 잡지, 가방 등
  – 적합 소화기 : H_2O 소화기 혹은 Halon 소화기

㉡ 화재요인 : Oven 내 누적된 기름, 페인트 및 휘발성 액체 등
  – 적합 소화기 : Halon 소화기

㉢ 화재요인 : Oven 및 객실 조명에 의한 전기류
  – 적합 소화기 : Halon 소화기

▸B777 내 Halon 소화기, FAK, PBE가 함께 보관됨

④ 화재 유형이 전기화재인 경우 Circuit Breaker를 뽑거나 Master Power 스위치를 통해 전원을 차단시킨다.

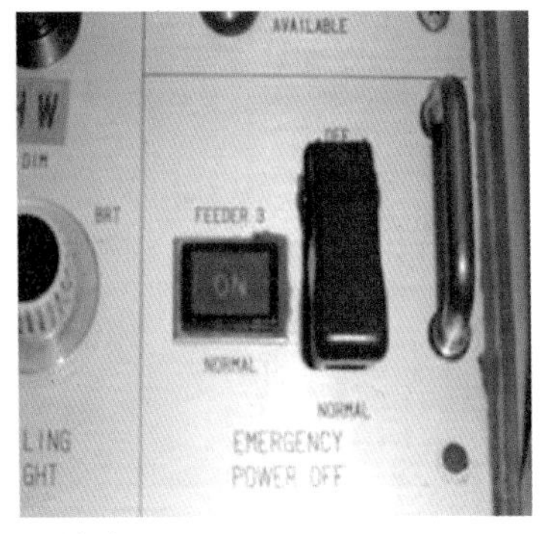

▸Galley 상단 위 Circuit Breaker 및 Master Power 스위치

⑤ 진화된 화재도 재발되지 않도록 화재의 근원을 점검한다. 또한 재발을 막기 위해 화재지역에 소화액을 충분히 분사하는 것이 중요하다. 화재 진압 시 휴대용 O_2 Bottle은 산소가 압축되어 폭발 위험성이 있으므로 화재 인근에 있는 모든 휴대용 O_2 Bottle은 다른 지역으로 옮겨야 한다. Halon 소화기의 사용 시간은 25초 이내, H_2O 소화기의 사용시간은 약 50초 이내로 사용할 수 있다.

⑥ 동요하는 승객을 진정시키고 화재로부터 승객을 안전지역으로 대피시킨다. 연기가 심할 경우 승객 안면을 가릴 젖은 천을 나누어주고, 승객들이 최대한 머리를 Armrest 이하로 숙이도록 지시한다. 대부분의 화재 발생 시 주요 사망요인은 연기에 의한 질식사이다. 따라서 승무원들은 승객에게 코와 입을 가릴 수 있도록 물에 젖은 타월을 나누어주고 승객들이 입고 있는 옷이나 손수건을 적셔 코와 입에 대도록 안내하는 것이 중요하다.

⑦ 비상착륙이 결정되면 준비된 비상절차에 따라 진행한다.

3. 기내 화재 우려 지역

1) OVEN

만약 Oven 내에서 화재가 발생했을 경우, 산소공급을 차단하여 화재를 약화시키기 위해서는 Oven Door를 닫아 놓아야 한다. 또한 해당 Oven의 Circuit Breaker를 잡아당겨 전원을 차단하는 것이 중요하다.

B747, B777 및 A330의 Steam Oven이 장착되어 있는 항공기에서는 Master Power Shut Off Switch를 이용하여 Galley 전원을 차단한다.

(1) Oven 내 주요 화재원인

- Oven 안의 음식 찌꺼기나 기름류(Grease)
- Oven의 고장이나 전기적 누전 등

▸ Oven Close

▸ Oven Open

2) Lavatory 화재

화장실 내 Smoke Detector에 경보음이 울리거나 문틈으로 연기 등이 새어 나오는 등 화재 징후 발견 시 즉시 화재를 진화해야 한다.

- 먼저 화장실 내에 사람이 있는지를 확인한다.
- 경보음 혹은 연기가 발생할 경우는 대부분 담배 연기에 의해 발생되는 경우가 많으므로 승객에게 담배를 끄도록 안내하고 화장실 문을 열어 놓아 연기를 제거한다.
- 승무원은 승객이 버린 담배꽁초가 완전히 꺼졌는지 재차 확인한다.
- 모든 화장실에는 Smoke Detector가 장착되어 있으며 승객의 호기심에 의한 고장이 발생하지 않도록 한다.
- 만약 사람이 없는데도 Smoke Detector가 울리거나 화재가 의심되는 경우는 열을 감지하기 위해 화장실 문에 손등을 대어본다. 열이 감지되면 아주 조금씩 문을 열어 화재의 정도를 파악한다.
- 만약 쓰레기통에서 화재가 났을 경우 쓰레기통(Waste Disposal) 뚜껑을 열고 내부에 Halon 소화기를 분사한 후 H_2O 소화기를 분사한다.
- 화재 진압 후에는 기장에게 보고하며, 해당 화장실은 사용하지 않도록 한다.
- 화장실은 완전 밀폐된 지역으로 화재 발생을 인지하기 어려운바 수시로 확인을 해야 한다.

화재예방책

- 화장실의 쓰레기통 및 Smoke Detector 등을 수시로 점검한다.
- 화장실의 경우 초기 화재를 밖에서는 인지하기 어려우므로 Smoke Detector를 수시로 점검해 주어야 한다.

▸ 화장실 내 쓰레기통

▸ 화장실 내부

▸ 화장실 내부의 자동 소화장치

사고사례

첫 번째

1980년대 사우디아항공(Saudia Flight) 163편(록히드 L-1011-200)이 리야드에서 화재로 탑승객 301명 전원이 사망한 사고가 있었다. 당시 사고기는 비행 중 화물칸 화재 경고음을 인지하고 비상착륙을 하였으나 탈출이 늦어져 전원이 사망하는 참사로 이어졌다. 사고기는 비상착륙한 지 15분 만에야 비상구(R2)가 열렸으나 그와 동시에 기내 폭발이 일어나며 항공기 전체가 화염과 연기에 휩싸였다. 후에 밝혀진 바로는 지상에 착륙해서도 해당 항공기 내의 여압상태가 지속되는 바람에 항공기 도어(Door)를 열 수 없었던 것으로 밝혀졌다.

두 번째

Varig 820편 항공기(B707)가 파리 오를리공항에 접근하던 중 기내연기 발생으로 오를리공항 인근에 비상착륙하였으며, 이 과정에서 화재 및 연기, 충격으로 탑승자 134명 가운데 123명이 사망했다. 생존자는 승객 1명과 승무원 10명이었고, 화재는 비행 중 항공기 뒷부분 화장실에서 시작되어 비상착륙 전에 이미 많은 승객이 연기 등에 질식해 사망했다. 추후 화장실 담배꽁초가 원인인 것으로 밝혀졌다.

제3절 항공기 테러

항공기 테러라 함은 운항 중이거나 지상에 주기되어 있는 항공기를 불법으로 납치 혹은 점거하기 위해 기내 또는 공항으로 무기 또는 폭발물을 반입해 승객과 승무원의 안전을 위협하는 행위를 의미한다.

1. 항공기 테러의 증가

국제화 가속에 따른 국가 상호 간 의존성이 확대되고 정치, 경제, 문화의 교류도 빈번해짐에 따라 항공기는 필수 이동수단으로 등장하였다. 따라서 국적이 다른 수많은 이용객을 수송하다 보니 항공기 납치로 승객이 억류되거나 사망하면 정치적, 경제적 파급효과가 상당하여 테러분자들은 항공기를 주 범죄 대상으로 계획하였다.

항공기 테러는 1930년 이래 현재까지 900회 이상 항공기 납치사건이 발생하였고, 그 중 공중폭파가 100여 차례로 20,000명 이상이 희생되었다. 초기에는 동서진영의 이념적 갈등과 자유 민주주로의 탈출수단으로 항공기를 납치하였다.

1968~1972년 사이 항공기 테러는 절정을 보였으며 1969년 한 해만 85건이 발생되었다. 항공기가 테러 수단에 주로 활용되는 이유는 테러리스트들이 정치적 목적을 주장하는 데 있어 적은 인력과 비용으로 짧은 시간 내에 최대의 효과를 발휘할 수 있는 방법이라 생각하기 때문이다. 특히 국제교류 확대로 인해 다양한 국적의 국민들이 탑승한 항공기를 납치하면 국제적 이목이 집중되고, 이는 통신체계의 발달로 전 세계 TV를 통해 테러리스트들의 정치적 목적을 손쉽게 알릴 수 있다는 이점과 항공기 인질을 통해 공격 목표 대상 국가를 위협할 수 있다는 점을 항공기 테러 증가의 원인으로 전문가들은 보고 있다.

이러한 테러를 예방하고 제거하기 위한 업무를 항공기 보안업무라 한다. 이러한 항공보안의 정확한 의미는 계획적인 것을 포함한 모든 의도적 위험요소를 정확하게 인지하여 제거함과 동시에 예방하는 업무이다.

항공기 보안점검은 지상에서부터 객실장의 지시에 따라 객실 내부 및 보안장비들을 구역별로 점검한다. 승객이 기내 탑승 후 한 명이라도 하기하면, 승객 전원은 개인휴대품을 가지고 하기하며 기내 보안점검을 재실시한 후에 승객들을 재탑승시켜야 한다.

이와 같이 승객의 하기 사례들은 종종 국내에서 발생하여 항공기를 이용하는 승객이나 항공사에게 많은 손실을 주지만 국내 항공법상 변경할 수 있는 사항이 아니다.

사고사례

첫 번째

1988년 12월 21일 런던 히드로공항을 출발, 뉴욕으로 향하던 팬암 항공소속 보잉 747기가 스코틀랜드 로커비 상공에서 공중 폭발한 사고가 있었다. 270명이 숨진 대참사사건으로 대부분이 미국인이었으며 탑승자 259명 전원과 로커비 마을에 떨어진 기체 잔해로 지역주민 11명이 사망했다. 추후에 몰타에서 항공사 직원으로 위장활동하던 리비아 정보요원이 카세트 녹음기에 장착한 폭탄을 터뜨려 팬암기가 폭파된 것으로 밝혀졌다.

두 번째

2009년 12월 22일 영국 국적의 이슬람교도인 리처드 리드(Richard Reid, 당시 28세)가 승객과 승무원 197명을 태우고 프랑스 파리를 출발해 미국 마이애미공항으로 향하던 아메리칸 항공(AA) 63편 여객기 안에서 신발 속에 감춰뒀던 폭탄을 터뜨리려다 승객들에게 제압된 사건이 있었다. 당시 사고기의 테러범은 신발 밑에 플라스틱 폭약을 숨겨 공항의 보안검색을 통과했으며, 당시 기내에서 성냥불을 켜 신발에 불을 붙이려다 이를 제지하던 승객과 승무원들에게 격투 끝에 제압당했다.

2. 항공기 내 보안점검

승무원은 매 항공편마다 운항 시작 전 지상에서 기내 보안점검을 실시해야 한다.

매 항공편 도착 후에는 수상한 물건이 남아 있지 않은지, 잔류 승객은 없는지 확인하며 출입 허가자 외에는 기내 출입을 금한다. 기내에서 수상한 물체를 발견할 경우 기장에게 즉시 보고해야 한다. 또한 탑재되는 모든 기내 물품에 이상이 있을 시, 즉시 탑재 직원에게 해당 물품을 하기하도록 요구해야 한다.

3. 기내 반입 금지물품

무기 및 폭발물 장치 등 위험성 있는 금지물품은 기내로 반입할 수 없으며, 또한 이러한 금지물품이 발견되면 즉시 기장에게 보고해야 한다.

① 총포류 : 총, 칼, 가스총, 전기충격기 등
② 폭발물

4. 항공기 납치

개인 또는 집단이 비행 중인 항공기를 점거하여 항공기 또는 탑승객의 안전을 위협하는 행위를 말한다.

항공기 납치

첫 번째 범죄자에 의한 항공기 납치

2000년 5월 26일 승객과 승무원 289명을 태운 필리핀항공(PAL) 여객기를 공중납치하려 한 범인은 승객들의 현금을 뺏은 후 사제 낙하산을 이용, 지상으로 뛰어내렸으나 낙하산이 펴지지 않아 마닐라 근방 산림지역에서 숨진 채 발견되었다.

현지 목격자들은 범인이 비행기에서 뛰어내린 후 몸에서 낙하산이 분리된 채 떨어졌다고 전했다. 관계자는 범인이 이용한 낙하산은 얇은 나일론천으로 손으로 만든 것이라고 하며 탈출 당시 제대로 작동하지 않아 사망한 것으로 추측하였다.

범인은 PAL A330기의 이륙 직후 사제총과 수류탄 등으로 승무원과 승객을 위협해 현금을 빼앗은 후 1천800m 상공에서 스키용 마스크와 물안경을 낀 채 자체 제작한 낙하산으로 뛰어내렸다고 한다. 또한 범인은 당초 출발지로 회항할 것을 요구했으나 조종사가 연료부족으로 회항이 어렵다고 하자 탈출을 택했다고 한다.

두 번째 테러범에 의한 항공기 납치

2001년 9월 11일 미국 내에서 발생한 테러에 의해 납치된 민간 항공기는 총 4대이다.

American Airlines 소속의 B767 항공기는, 2001년 9월 11일 오전 8시경 승객과 승무원 92명을 태우고 가다가 테러범들에 의해 공중 납치되어 World Trade Center 북측 건물에 충돌하여 건물은 붕괴되고 탑승자 전원이 사망하였다.

이후 약 16분 뒤, United Airlines 소속의 B767 항공기가 World Trade Center 남측 건물에 충돌하여 건물이 완전히 붕괴되고 탑승자 65명이 사망한 사고가 두 번째로 발생하였다.

세 번째 사고는 American Airlines 소속의 B757 항공기로 64명을 태우고 가다가 테러범들에 의해 공중 납치되어 Pentagon(미국 국방성) 건물에 충돌하였다.

마지막으로 United Airlines 소속의 B757 항공기가 역시 테러범들에 의해 공중 납치되어 Pennsylvania주 Shankville 인근 들판에 추락하였는데 이것이 4번째 사고이다.

제4절 기내업무 방해행위

기내에서 다른 사람의 신체와 항공기를 포함한 기물에 대한 과격행위, 폭행과 협박, 위협적인 폭언 등으로 승무원의 직무행위를 방해하며 기내에서의 질서와 탑승객의 안전운항을 저해하는 일체의 행위를 기내업무 방해행위라 한다. 승객이 자제력을 잃고 승무원의 업무를 방해하거나 제지를 인정하지 않는 이러한 기내업무 방해행위는 매년 증가하는 추세이다. 문제는 이러한 행위가 안전운항에 지장을 초래할 정도로 증가하는 추세이므로 보다 강력한 규정과 규제가 필요한 실정이다.

1. 국내 항공법

기내에서 승객의 안전과 비행을 저해하는 행위를 한 자에게 가해지는 대응책은 국내 항공법에 명시되어 있는데 이는 다음과 같다.

- 승인 없이 조종실 출입을 기도한 자 : 1,000만 원 이하의 벌금 및 1년 이하의 징역
- 폭행, 협박 또는 조종하는 기장 등의 정당한 직무를 방해하여 승객과 승무원의 안전운항을 위협하는 행위를 한 자 : 10년 이하의 징역
- 항공기를 점거하거나 항공기 안에서 농성 : 2,000만 원 이하의 벌금 및 3년 이하의 징역
- 욕설, 흡연, 음주, 약물, 성추행, 전자기기 사용 : 500만 원 이하의 벌금형

2. 승무원의 대응절차

업무 방해행위 정도에 따라 단계적으로 적용한다.

1) 1단계 : 설득과 요청

- 해당 승객에게 행위 중단을 요청하거나 설득한다.
- 이때 승객이 위험행위를 중단하면 더 이상의 조치가 필요 없으나 지속하면 2단계를 적용한다.

2) 2단계 : 경고

승무원의 설득이나 요청에도 불구하고 난동행위를 지속할 경우 승객의 난동행위에 대해 구두경고 또는 경고장을 제시한다.

3) 3단계 : 강력대응

- 승무원의 구두경고 및 경고장 제시에도 불구하고 해당 승객이 이를 무시하고 난동행위를 계속할 경우 객실장은 기장과 협의하여 해당 승객을 구금하거나 주변 승객과 격리시킨다.
- 기장은 도착지 공항에 경찰대기를 요청한다.

사고사례

기내난동

과거 김해공항에서 00실업 000 회장은 오전임에도 술에 취한 채 이륙준비를 위해 좌석 등받이를 세워달라는 승무원의 요구와 기장의 지시를 따르지 않고 소란을 피워 비행기 출발 1시간가량을 지연시킨 혐의로 징역 6월에 집행유예 2년, 벌금 500만 원 선고와 함께 120시간의 사회봉사 명령을 받았다.

또 다른 사건인 김포발 김해행 대한항공 비행기에서 술에 취해 탑승한 이모(46) 씨가 "아이 울음소리가 시끄러워 짜증난다"며 주먹으로 앞좌석을 치고 이를 막는 다른 승객과 승무원에게 욕설을 해 경찰에 넘겨졌다.

제5절 Turbulence(기체요동)

날씨 기류변화와 지형의 영향, 높은 산 그리고 지표면의 열적 특성에 의한 공기의 상승으로 난기류가 발생하며 이 난기류를 통과하는 항공기는 기체요동을 일으킨다. 이러한 기체요동으로 인하여 비행 중 승객과 승무원이 다치는 일이 발생하는 사례가 종종 발생한다. 이러한 현상은 공기 중을 떠돌아다니는 작은 소용돌이로 만들어진 불규칙하고 순간적인 공기의 흐름(Turbulence) 때문이다. 일단 Turbulence가 발생되면 Fasten Seat belt Sign 관계없이 착석 중에는 항상 좌석벨트를 착용하도록 즉시 안내방송을 하고 승객의 좌석벨트 착용 여부를 점검해야 한다.

일상적으로 운항승무원은 레이더로 구름의 상태 관측이 가능하며, 구름의 상태가 심각한 경우 지상 교신으로 허락을 득한 후 항로를 일부 변경해 이상기류를 회피하기도 한다. 그러나 레이더로 관측이 안 될 경우 혹은 항로 변경이 안 될 경우 맑은 하늘에 생기는 C.A.T(Clear Air Turbulence) 조우 시 항공기가 급강하되는 현상이 발생되어 기내에서 많은 승객과 승무원이 다치는 현상이 드물게 발생된다.

Turbulence의 종류는 다음과 같다.

- Convective Turbulence : 공기표면의 불균일한 가열에 의해 생기는 수직기류를 말한다. 이로 인해 상승류나 하강류가 발생한다. 활주로 착륙지점에 이러한 상승류와 하강류가 발생하면 항공기 착륙이나 이륙에 상당히 위험하다.
- Mechanical Turbulence : 항공기를 조종하는 승무원들이 가장 위험하게 생각하는 기류로 장애물에 의해 바람의 흐름이 방해되어 발생하며 바람 부는 쪽으로 난기류를 형성한다. 때로는 건물의 위치를 고려하지 않아 바람의 방향이 변경되어 이착륙하는 항공기에 지장을 초래하는 공항도 있다.
- Wind Shear : 해풍, 폭풍우, 급하강류 그리고 기류전단에 보통 생성된다. 주로 이착륙 시에 발생한다.
- Clear Air Turbulence(CAT) : 이러한 난기류는 서로 다른 공기 대류가 각각 다른 속도로 이동하다가 서로 충돌할 때 일어나는 현상으로 천청 난기류를 만나게 되면 기체가 요동치면서 순간적으로 급강하하는 경우가 생기며, 이는 고도나 지역에 따라 다소 차이가 있지만 심할 경우 100m에 달하기도 한다. 가끔 국적사에서도 발생하여 승객과 승무원이 부상당하는 경우가 발생한다.

사고사례

1997년 12월 28일 승객 374명, 승무원 19명이 탑승하여 도쿄 나리타공항을 출발하여 하와이로 향하던 유나이티드항공 826편 B747기가 2시간 정도 지났을 무렵 고도 31,000피트에서 청천난기류(CAT)를 조우하였다. 당시 기내에서는 벨트 사인이 켜졌고 항공기가 중심을 잃고 순간적으로 300m나 곤두박질하여 많은 승객과 승무원이 다치는 사고가 발생되었다. 이로 인해 사고기는 나리타로 회항했으나 다친 승객 중 한 명이 뇌출혈로 사망하고 74명이 부상을 당했다.

1. 객실승무원의 행동지침

1) Light

컵의 음료수가 약간 넘치고 서비스 기물은 미동하며, 걸어서는 기내에서 이동하기 약간 불편한 상태를 말한다. 이와 같은 경우 기장은 보통 Fasten Seat Belt Sign(1회)으로 객실에 알린다. 이때 객실장은 즉시 승객에게 착석과 좌석벨트 할 것을 요청한다. 서비스 중인 승무원은 주의하면서 서비스를 지속하며 승객의 좌석벨트 및 화장실 내 승객 유무를 점검한다.

2) Moderate

컵에 음료를 따르기가 어렵고 카트를 움직이기도 어렵다. 또한 기내 보행이 어려우며 기내시설을 잡지 않고는 서 있기가 어렵다. 이때 운항승무원은 객실에 Fasten Seat Belt Sign(2회)을 알린다. 동시에 객실승무원은 즉시 안내방송을 실시하고 서비스를 중단한다. 기체 요동이 지속될 경우 Cart를 Galley 내에 보관한다.

3) Severe

컵 등 고정하지 않은 Service 기물로 인하여 승무원 및 승객이 상해를 입을 수 있을 정도이다. 기내 보행을 할 수 없고 즉시 좌석 Belt를 착용하지 않거나 자세를 낮추지 않을 경우, 심각한 상해를 입을 수 있다.

이와 같은 심한 Turbulence의 경우 기장은 Fasten Seat Belt Sign(2회)으로 객실에 알린다. 이때 객실장은 즉시 심각한 기류 변화로 항공기의 심한 흔들림을 강조하며 모든 승객과 승무원은 자리에 착석 후 좌석벨트의 착용을 안내한다. 서비스는 즉시 중단하며 서비스하는 승무원조차 인접 승객 좌석에 착석 후 좌석벨트를 착용해야 한다.

2. Turbulence 피해 예방

난기류에 의한 기내 사고를 예방하기 위해서는 먼저 모든 승객이 안전벨트를 맨 상태로 좌석에서 이탈하지 않도록 하고 어린아이들의 행동을 최대한 자제시켜야 한다. 또한 객실승무원은 비행 전, 난기류에 대한 자세한 정보를 전달받고 근무에 임해야 한다. 아무리 경미한 Turbulence일지라도 위험할 수 있으므로 비행 중에는 관련 절차를 준수하고 발생할 수 있는 사고에 대비하는 비행 자세가 필요하다.

제6절 비상착륙

비상사태가 발생하면 승무원들은 승객들을 정해진 비상절차에 따라 승무원 간 협조 속에 신속히 대비해야 한다. 이때 비상사태의 지휘권은 기장(PIC)에게 있다. 비상착륙은 준비된 비상착륙(Planned Emergency Landing)과 준비되지 않은 비상착륙(Un-Planned Emergency Landing)이 있다.

비상탈출을 지시하는 명령자의 우선순위

1순위 : 기장(PIC, Pilot In Command)

⬇

2순위 : 교대기장(Augmented/Relief Captain)

⬇

3순위 : 부기장(FO, First Officer)

⬇

4순위 : 객실장(Duty Purser)

⬇

5순위 : 객실승무원(직책 우선, 상위직급 순)

준비된 비상착륙이란, 객실승무원들이 비상착륙을 준비할 시간이 있어 승객들에게 비상 기내방송으로 비상착륙에 대한 브리핑을 할 시간적 여유가 있을 때를 말한다.

준비되지 않은 비상착륙이란, 승무원들에게 탈출을 준비할 시간적 여유가 주어지지 않을 때를 말한다. 준비되지 않은 비상탈출은 주로 항공기 이착륙 시에 발생한다.

기체로부터 비상탈출지시는 기장(Pilot In Command)이 하게 되며 기장이 지시하지 못할 때는 부기장(First Officer), 객실장, 각 Door 담당 승무원 순으로 판단하여 비상탈출을 신속히 실시한다.

① 기장(PIC)의 역할

- 안전운항에 대한 책임자로서 비행 시작부터 비행 완료 시까지 책임이 주어진다.

② 부조종사의 역할

- 항공기 조종을 보좌한다.

③ 객실장의 역할

객실에서의 안전과 서비스에 대한 책임이 주어진다.

④ 객실승무원의 역할

- 운항 중 승객 안전과 비상탈출에 관한 임무를 수행한다.
- 객실 내 위험요소에 대하여 기장에게 통보한다.

비상사태 시 승무원과 승객을 위해 다음과 같은 기본원칙을 항시 고려한 비상사태 처리절차가 필요하다.

- 충격으로부터의 보호
- 항공기로부터의 탈출
- 환경으로부터의 생존

1. 준비된 비상착륙(Planned Emergency Landing)

비상착륙에 있어 승무원 상호 간의 의사소통과 협의가 가장 중요하다. 비상사태 관련하여 기장과 객실승무원 간에 정보의 교류 및 협력을 한다.

1) 객실장과 기장의 브리핑 내용

- 비상사태의 유형
  (비상착륙인지 혹은 비상착수인지를 판단해 객실장에게 통보한다)
- 비상착륙 준비 가능시간
- 충격방지 자세 및 비상탈출 신호

2) 객실장과 객실승무원의 브리핑 실시

- 기장과의 브리핑 내용 전달
- 비상사태 유형을 고려한 객실 준비절차 수립
- 탈출 준비를 위해 승무원 상호 간 협의
- 비상착륙 2분 전, 전 승무원의 Jump Seat 착석

3) 승객 브리핑 실시

- 비상사태에 따른 기내방송 실시
- 착륙 준비절차 안내

비상착륙 및 비상착수에 따른 승객 안내 예문

승객여러분, 저는 이 비행기의 기장(객실장)입니다.

저희 비행기는 엔진이상으로 인해 약 30분 후 태평양 하와이에서 100km 떨어진 바다에 비상착수하겠습니다. 최선을 다했으나 불가항력적으로 비상착수하게 되었으니 승객 여러분께서는 동요하지 마시고 훈련받은 저희 승무원의 지시에 따라 침착히 따라주시기 바랍니다. 이미 구조기관에는 연락하였으며 현재 구조용 선박 및 구조 헬기가 대기상태에 있습니다.

지금부터 좌석벨트를 착용해 주십시오.

벨트는 배꼽 아래에 단단히 조여주시고 등받침과 테이블은 제자리로 해주십시오. 그리고 착륙 후 탈출 시는 벨트의 위뚜껑을 당겨주십시오.

지금부터 충격에 대비해 주시기 바랍니다.

① 좌석벨트 매는 방법

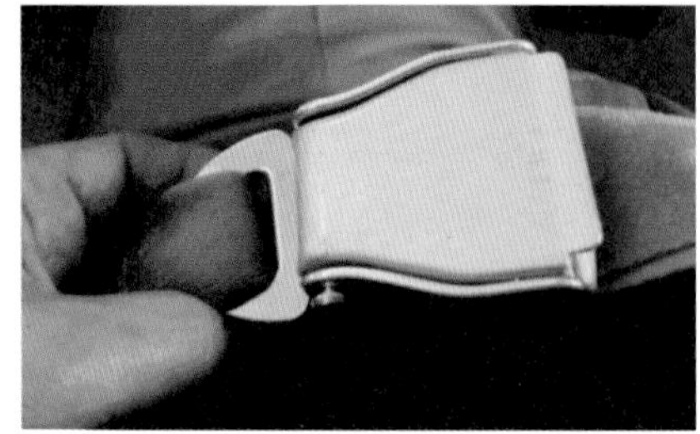

② 좌석벨트 푸는 방법

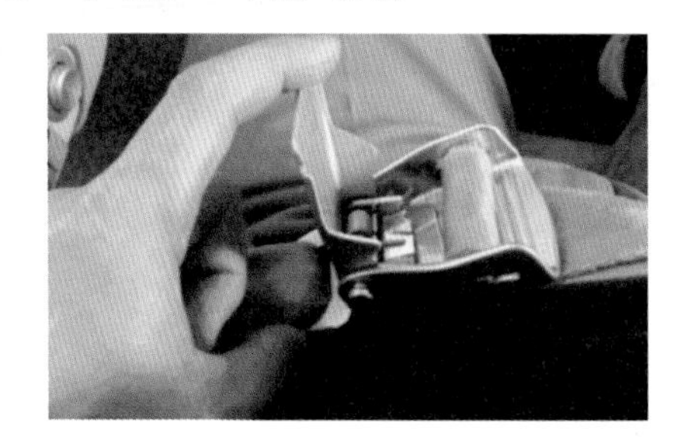

4) 서비스용품 회수

승객 자리의 Meal Tray 등의 서비스용품을 즉시 회수한다.

- 지금부터 식사하신 내용물들을 수거하겠습니다.
- 좌석 등받이는 바로 세워주시고 Seat Table은 정위치해 주시기 바랍니다.

5) 승객 탈출 점검

- 승객 여러분이 소지하고 계신 안경이나 볼펜, 그리고 신고 계신 하이힐 등은 좌석 앞주머니 속에 넣어주십시오.
- 또한 소지하신 짐들은 머리 위 선반이나 좌석 밑에 넣어주십시오.
- 비상탈출 시 소지하신 짐들은 휴대하실 수 없습니다.
- 신속히 이행하여 주십시오.

비상착수 시 방송 예문

• 신발은 모두 벗으시기 바랍니다.
• 벗은 신발과 안경 등 지니신 물건들은 가방과 좌석 밑 또는 선반 안에 넣어주십시오.
• 좌석 밑 구명복은 꺼내어 머리 위에서부터 입으시고 끈을 몸에 맞게 조여주십시오. 그러나 기내에서는 절대 부풀려서는 안 됩니다.
• 구명복은 탈출하기 전 나가면서 두 개의 붉은 탭을 잡아당기십시오.
• 만약 구명복이 부풀려지지 않으면 양쪽에 있는 고무관을 불어서 부풀리십시오.

6) 승객 휴대품 보관상태 점검

• 승객들의 휴대품 보관상태 확인
• Seat pocket, Overhead bin, 비상구 및 통로 측에 개인수하물 점검

승객 여러분의 짐은 탈출 시 방해가 되는 지역인 비상구 또는 통로에 두어서는 안 됩니다.

7) 충격방지 자세 설명 및 시범

비상착륙 시 항공기가 심한 충격을 받게 되면 승객의 머리와 목 등도 다칠 우려가 있다. 이때 이러한 심한 충격을 감소시킬 수 있는 동작이 바로 충격방지 자세이다. 즉 이러한 항공기의 충격은 인체가 좌석에서 튕겨나갈 수 있을 정도로 강하므로 완충할 수 있는 자세 유지가 필요하며 이러한 자세는 항공기가 완전히 정지할 때까지 유지해야 한다.

지금부터 충격방지 자세에 대해 설명드리겠습니다

- 일반석 좌석에 앉아 있는 손님은 양손을 X자형으로 만드신 후 앞좌석을 꽉 잡아 주시고, 머리를 두 팔 사이에 숙여 넣어주십시오.
- 또한 F/C 또는 B/C 좌석의 승객은 머리를 허벅지 안쪽으로 숙여주시고 손은 발목을 잡아주시기 바랍니다.
- 발은 최대한 바닥에 밀착시키시고 착륙 1분 전 저희가 “자세를 취하시오”라고 크게 외치면 기체가 완전 정지할 때까지 계속해서 자세를 취하십시오.
- 저희 승무원들이 시범을 보이겠습니다.

▸ Non-Bulkhead Seat

- 양팔을 엇갈리게 하여 앞좌석 등받이 상단을 잡는다.
- 엇갈린 양팔 위에 머리를 숙이고 이마를 댄다.
- 양 발을 어깨 넓이로 벌려 약간 앞으로 내밀어 발바닥을 힘껏 밀착시킨다.

▶ Bulkhead Seat

- 머리를 최대한 숙이도록 한다.
- 양 발을 어깨 넓이로 벌리고 손은 양 발목을 잡도록 한다.

8) 충격방지 자세 점검

- 임신부는 Non-bulkhead Seat으로 이동시킨다.
- 착륙 후 비행기가 완전히 정지할 때까지 충격방지 자세를 유지한다.

9) 비상착륙 시 탈출구 위치 안내

이 항공기의 탈출구는 양쪽에 각 (　　)개씩, 총 (　　)개가 있습니다. 여러분이 앉아 있는 위치에서 가장 가까운 비상구를 확인하십시오. 탈출지시가 있으면 소지품들은 앉아 계신 좌석에 남겨놓은 채 가까운 탈출구 쪽으로 신속히 이동하십시오.

10) 승객의 Safety Information Card 내용 확인

승객 여러분께서는 좌석 앞주머니 속에 있는 Safety Information Card를 꺼내어 충격방지 자세, 구명복 착용 그리고 탈출구 위치를 다시 한 번 확인하십시오.

11) 협조자 선정 및 브리핑

- 협조자들의 좌석은 임무를 수행할 탈출구 주변에 재배치한다.
- 협조자들에게 임무를 부여한다.

승객 여러분 중에서 전, 현직 승무원, 군인, 경찰, 항공사 직원이 계시면 저희 승무원에게 말씀해 주시기 바랍니다. 승무원은 협조 손님에게 임무를 부여해 주시기 바랍니다.

12) 좌석 재배치

승객 여러분 중에 노약자, 환자, 임산부는 저희 승무원에게 알려주시기 바랍니다. 승무원은 이분들의 좌석을 재배치하시기 바랍니다.

13) 충격방지 자세(어린이, 유아, 임산부)

(1) 어린이

- 좌석벨트가 몸에 꼭 맞도록 어린이의 등 뒤에 베개를 넣는다.
- 어린이 옆 좌석의 승객은 착륙 시의 충격에 대비하여 어린이의 머리를 살짝 눌러 충격에 대비하게 한다.

(2) 유아

- 좌석벨트는 보호자인 성인승객만 착용하며 보호자는 아기를 마주본 채 품에 안는다.
- 보호자는 한쪽 팔로 아기의 목을 받치고 머리를 감싼다.
- 보호자의 다른 한 손은 충격으로 아기가 튀어나가지 않게 단단히 감싼다.

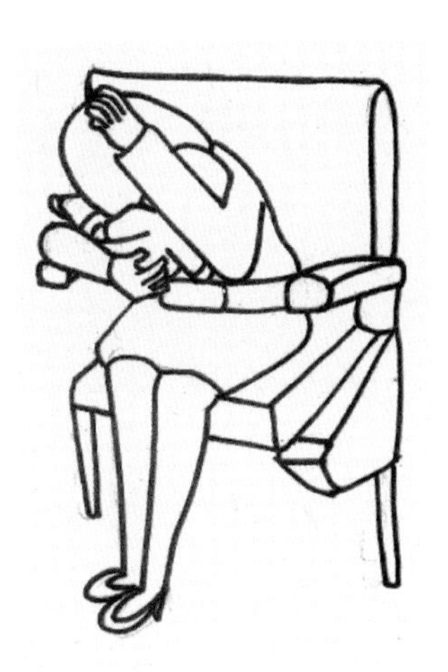

(3) 임신부

- 임신부가 Bulkhead Seat에 착석했을 경우 Non-bulkhead Seat로 이동시킨다.
- 좌석벨트는 복부 아래쪽으로 착용하고 착륙자세를 취하게 한다.

14) 객실/Galley 점검

- 승객 수하물의 보관상태를 최종 확인한다.
- Overhead Bin, Stowage Bin의 Locking상태와 Lavatory의 상태를 확인한다.
- Galley 내 Cart 및 Carrier Box를 단단히 고정시킨다.

15) 최종 객실 점검

- 승무원들에게 임무를 재숙지시킨다.
- 전 승무원 Jump Seat 착석 및 Belt를 착용한다.
- 객실 및 Galley의 조명을 외부보다 어둡게 조절한다.
- Emergency Light On
- 기장에게 착륙 준비상태를 보고한다.

> 지금부터 기내의 조명을 어둡게 하겠습니다. 아울러 좌석벨트를 단단히 조여주십시오.
> 항공기가 완전 정지 후 "벨트 푸시오!"라고 하면 신속히 벨트를 푸시기 바랍니다.

참고사항

항공기의 사고는 이착륙 시에 가장 많이 발생하는 것으로 사고 발생 시 동체 충격에 따른 화재 및 연기로 시야 확보가 어렵고 야간 탈출에는 더욱이 탈출이 어렵다. 따라서 탈출 전 객실 조명은 어둡게 하는데, 그 이유는 야간 탈출 시 갑자기 밝은 기내에서 어두운 밖으로 나가면 시야 확보에 어려움이 있기 때문이다. 예를 들면, 우리가 극장에 들어가면 어두워 전혀 앞이 보이지 않다가 차츰 시야가 확보되는 현상과 거의 같다고 보면 된다. 이미 설명하였듯이 기내 비상탈출은 90초 이내에 해야 생명을 보존할 수 있으므로 시야 확보를 위해 기다릴 시간적 여유가 없다.

16) 객실승무원의 충격방지 자세

- 항공기의 전방을 향해 착석한 경우 양 다리를 어깨 넓이만큼 벌리고 손으로 Jump Seat를 잡고 머리를 앞으로 숙여서 충격에 대비한다.
- 항공기 후방을 향해 착석한 경우 발을 어깨 넓이만큼 벌리고 손바닥을 위로 하여 다리 밑에 넣고 머리를 Head Rest에 밀착시켜 충격에 대비한다.
- 승무원들의 "자세를 취하시오", "Brace" Shouting은 착륙 약 1분 전에 Fasten Seat Belt Sign 4회 점멸 및 Brace for Impact 방송 후 객실장의 지시에 의거 충격방지 자세를 취한다.
- 이와 같은 충격방지 자세는 항공기가 완전히 정지할 때까지 계속 유지한다.

2. 준비되지 않은 비상착륙(Unplanned Emergency Landing)

객실에서 비상착륙에 대비할 시간적 여유가 없을 때 주로 항공기 이착륙 시에 발생한다.

1) 기장과 객실장의 브리핑

- 비상사태 유형(비상착륙 혹은 비상착수인지 객실장에게 통보한다)
- 비상탈출 준비시간
- 충격방지 자세 및 비상탈출 신호내용 전달

2) 객실장과 객실승무원의 브리핑 실시

- 기장과의 브리핑 내용 공유
- 비상사태 유형 및 준비시간을 고려한 객실 준비절차 수립
- 비상착륙 2분 전, Jump Seat 착석

3) 승객 브리핑 실시

- 객실장은 기내방송문 준비
- 기내 Light 조절 및 창문 커튼 개방 등 착륙 준비

4) Passenger 확인

- Seat Belt 착용
- 충격방지 자세(Brace Position)
- Evacuation Exit 위치안내

5) 객실/Galley 점검

- 승객 수하물의 보관상태
- Stowage Bin 및 Overhead Bin의 잠김상태
- Lavatory상태
- Galley 내 Cart 및 Carrier Box, Seat Back, Seat table 등

6) 비상착수 시 Life Vest 착용 및 Raft 사용에 대한 설명

3. 항공기 탈출

1) 항공기 정지 후 조치

항공기가 완전히 정지한 후 탈출은 기장이 지시한다. 그러나 항공기가 멈춘 후 기장 또는 부기장이 비상탈출을 지시하지 않을 때 객실장은 조종실로 연락을 취하든가 직접 방문해 연락을 시도한다.

기장으로부터 비상탈출지시가 있으면 즉시 시행한다. 탈출지시는 방송 또는 탈출 신호음(Evacuation Signal)을 듣는 즉시 실시한다.

탈출지시 명령어

"저는 기장입니다. (좌측 혹은 우측)으로 탈출하십시오."

기장으로부터 연락이 없고 항공기 완전 정지 시 아래와 같은 상황일 경우 자체 판단하여 탈출을 지시한다.

- 승객들이 위험상태에 놓여 있을 때
- 객실 내 위험한 화재나 연기가 발생하였을 때
- 항공기가 심각한 구조적 손상을 입었을 때

2) 승객 탈출 명령어

승무원은 Flash Light를 들고 자신이 담당하는 탈출구로 가서 탈출지시 명령을 Megaphone 또는 Flash Light 등을 사용해 승객에게 지시한다.

- 비상탈출 "Evacuate"
- 벨트를 푸시오. "Release Seat Belt"
- 이쪽으로 오시오.(저쪽으로 가시오.) "Come this way"("Go that way")
- 뛰시오. "Jump"

3) 항공기 탈출

항공기의 구조적 손상, 객실 내 화재, 비상탈출구의 사용 가능성 여부, Slide의 필요성 등을 최종 판단하여 신속히 탈출한다. 또한 비상사태의 유형을 파악하여 항공기의 비상착륙 후 정지자세에 따라 이용할 수 있는 탈출구를 선정한다.

(1) 외부상황을 고려한 탈출경로 판단

- 동체착륙 : 안전하다고 판단되는 모든 탈출구를 이용
- 항공기 앞쪽이 올라간 자세 : 뒤쪽의 낮은 탈출구 또는 Overwing Exit 이용
- 항공기 뒤쪽이 올라간 자세 : 앞쪽의 낮은 탈출구 또는 Overwing Exit 이용

- 착수 : 물이 객실 내로 들어오지 않는 수면 위 탈출구 이용
- 화재 : 화재 발생 반대쪽 탈출구 이용

(2) 성공적 탈출을 위한 3가지 요소

- 사용 불능 비상구의 신속한 파악이 필요하다.
- 탈출할 비상구에 승객이 몰리지 않도록 분산시킨다.
- 승무원들의 단호함과 통제력이 필요하다.

항공기 비상탈출 시 90초 이내로 전 승객을 탈출시켜야 하는 관계로 승무원들은 승객들을 압도할 수 있는 단호함과 통제가 있어야 한다. 대부분의 사고에서 보이듯 혼란과 시야가 확보되지 않은 불확실한 상태에서는 승무원들의 평소 숙달된 행동과 사고(思考)가 피해를 최소화시킬 수 있다는 것은 과거 사례에서도 알 수 있다.

탈출 시에는 비상구에 승객 탈출을 위한 Assist Space가 확보되어야 한다. 그리고 사용 불가능한 비상구가 있을 경우 신속히 봉쇄하고 다른 쪽으로 유도할 수 있어야 하며, 한쪽 비상구로 승객이 몰리지 않도록 승객을 적절하게 분산시켜야 한다. 또한 신속, 정확하게 탈출을 유도하여 가장 빠른 시간 내에 탈출을 완료할 수 있어야 한다.

(3) 탈출방법

- 외부상황을 small Viewing Window를 통해 점검한다.
- Slide가 팽창위치(Armed Position)로 되어 있는가를 확인한다.
- 탈출구를 Open한다.
- Slide가 팽창(Inflation)되었는지의 여부를 직접 확인한다.
- 승객을 탈출구로 유도하기 위해 Shouting한다.(“이쪽으로 오시오”, “Come this way”)(저쪽으로 가시오. “Go that way”)
- Door 담당 외 승무원은 탈출구로 승객을 유도하도록 한다.
- 탈출구가 Open되지 않거나 Slide의 끝이 바닥에 닿지 않았을 때는 탈출에 위험한바, 다른 탈출구로 유도한다.
- 탈출구가 Open되었으나 Slide가 팽창되지 않았을 경우 수동핸들(Manual Inflation Handle)을 잡아당겨 인위적으로 팽창시킨다.

- 승무원은 승객이 탈출하도록 입구에서 방해되는 위치에 있지 않도록 Door 안쪽 Assist Handle을 잡고 몸을 벽면에 붙인 후 승객의 등을 밀어 신속한 탈출을 유도한다. 이때 승객의 등을 과도하게 밀면 승객이 넘어져 Slide의 입구를 막아버리는 위험요인이 되는 점에 주의해야 한다.
- Door 앞에서 승객들을 탈출시킬 때는 신속 및 자신감을 부여하기 위해 "뛰시오"의 "Jump"를 외치며 승객을 탈출시킨다.

(4) 항공기 탈출 이후 필요조치

① 승객 반응

- 신체적 현상 : 추위, 굶주림, 탈수, 체온 저하 등
- 심리적 현상 : 사고에 대한 충격, 비상착수 시 물에 대한 공포 등

② 생존지침

- 사고기로부터 안전거리를 유지한다.
- 다친 승객이 있다면 우선적으로 응급처치를 실시한다.
- 승객 및 승무원에 대한 인원 파악을 실시한다.
- ELT를 사용하여 구조신호를 보낸다. 전파송신 시 주변으로부터 방해받지 않는 위치를 찾도록 한다.
- 안테나를 묶고 있는 Tape를 풀면 안테나가 자동적으로 세워진다.
- 주위에 물이 없는 지역이라면 음료수 혹은 소변 등을 담은 비닐백 등에 ELT를 담가 세운다.
- ELT의 작동은 대략 48시간가량이며 On-off 스위치용 ELT는 안테나를 세우고 스위치를 작동시킨다.

제7절 비상착수

앞서 설명하였듯이 비상착륙은 육지에의 착륙을 의미한다면 비상착수(Emergency Ditching)는 비행 중인 항공기가 기체결함으로 더 이상 운항하지 못하고 육지가 아닌 바다나 호수 위에 긴급 착륙하는 것을 말한다. 이 같은 비상착수가 비상착륙과 다른 점은 무엇일까?

비상착수는 일반적인 비상착륙과 달리 수면, 즉 파도 및 물결에 의해 여러 번의 충격으로 동체에 충격이 더 가해질 것이므로 그 피해는 더 크다. 따라서 비상착륙보다 위험도가 높다고 할 수 있다. 항공기가 비상착수를 시도하게 되면 항공기 내 Slide/Raft는 구명정으로 사용된다.

Slide/Raft는 Slide Mode가 팽창위치(Armed)의 상태에서 Door를 개방하면 팽창(Inflation)되고, 이때 팽창이 되지 않으면 수동핸들(Manual Inflation Handle)을 잡아당겨 팽창(Inflation)시킨다.

바다 수면이 Door와 근접하여 있다면 Slide/Raft가 기체에 붙어 있는 상태에서 승객을 탑승시킨다. 승무원은 기체 내부에 잔류승객이 있는지를 최종 확인한 후 탑승하며 Detachment Handle을 잡아당겨 Slide/Raft를 기체와 분리한다. 이때 분리하여도 Mooring Line은 기체와 연결되어 있으므로 Slide/Raft를 이동시키려면 Slide/Raft에 탑재된 knife로 Mooring line을 자른다.

만일 수면과 Door 간의 간격이 많이 떨어져 있다면 승무원은 Detachment Handle을 먼저 잡아당겨 Slide/Raft를 기체로부터 선분리한다. 분리는 되지만 Slide/Raft는 계속 Mooring Line에 의해 기체와 연결되어 있다. 경우에 따라 승객들이 직접 물에 입수한 후 Slide/Raft Rope Ladder(부착된 사다리)를 통해 탑승한다.

탑승이 완료되면 승무원은 Mooring Line을 Slide/Raft에 탑재된 Knife로 끊고 기체로부터 먼 안전거리로 이동한다.

1. Slide/Raft를 이용한 탈출

Slide/Raft마다 승무원이 2명씩 탑승하면 1명은 전방에서 주위상황을 살피고 다른 1명은 후방에서 승객들을 지휘하며 안전거리까지 이동한다. 각 Slide/Raft에 탑승한 승무원은 불안과 공포에 질린 승객들을 안심시킴과 동시에 승객들을 통제해야 한다.

Slide/Raft의 통제권을 확보하려면 승객들에게 극복할 수 있다는 자신감을 보여주는 것이 중요한바, 자신이 훈련받은 승무원임을 밝히고 지휘에 따라주도록 협조를 구하는 것이 중요하다.

협조 안내문

저는 훈련받은 승무원입니다.

현재 여러분들이 탑승한 구명정은 항공기로부터 신속히 안전거리로 이동해야 하는바, 지금부터 저의 지시에 잘 따라주시기 바랍니다.

전방을 봐주시기 바랍니다.

왼편과 오른편에 앉아 있는 손님들은 팔을 깊이 넣어 항공기 반대방향으로 힘차게 저어주십시오.

다 같이 구령을 외쳐주십시오. 하나 둘, 하나 둘.

- Slide/Raft를 사고기로부터 350m 이상 벗어난 안전거리까지 이동시킨다.
- 안전거리까지 이동한 후 물결 및 파도에 떠내려가는 것을 지연시킬 목적의 Sea Anchor를 설치한다.
- 탑승한 승객의 인원 점검을 실시하고 부상 승객에 대한 응급처치를 실시한다.
- ELT를 Raft에 묶고 ELT를 물에 던져 구조신호를 작동하게 한다.
- 안테나를 고정시키는 Tape가 물에 녹으면 안테나는 자동으로 수직 직립한다.
- On-off 스위치용 ELT인 경우 안테나를 세우고 스위치를 On에 위치시켜 작동하게 한다.
- Slide/Raft에 탑승하지 못한 승객 및 승무원은 개인 및 구조 영법으로 안전거리까지 이동한 후, Help 자세 혹은 Huddle 자세를 취하며 구조대를 기다리도록 한다.

1) Slide 또는 Slide/Raft가 장착된 Door형태

▸ A321 기종

▸ B737 기종

2) Slide Raft 팽창방법

Slide Mode가 팽창위치(Armed Position)에 와 있는 상태에서 항공기 내부에서 문을 열면 Compartment 내의 Slide(또는 Slide/Raft)가 자동으로 팽창된다. 만약 Slide/Raft가 자동으로 팽창되지 않을 경우 Manual Inflation Handle을 잡아당겨 수동으로 팽창시킨다.

Manual Inflation Handle의 위치는 항공기 Door 바닥 오른쪽에 있다.

▸ Manual Inflation Handle

① Overwing으로의 탈출

Slide는 Door가 아닌 기체에 장착되어 있다. 따라서 Door의 Assist handle을 잡고 위쪽의 핸들을 안쪽으로 잡아당기면 기체로부터 Door가 분리되면서 Slide가 자동으로 팽창된다.

▶ A321 Overwing Exit(항공기 외부)

▶ A321 Overwing Exit(항공기 내부)

3) Life Raft의 팽창방법

- 주요 탑재기종은 B767, A320, B737 등의 소형기종이며 탑재위치는 기내 Overhead Bin 내에 보관하도록 되어 있다.
- 팽창방법은 다음과 같다. Raft를 Ovehead Bin으로부터 꺼내서 Door 부근으로 옮긴다.

Lanyard Hook을 연결한다.

물 위로 힘껏 던지고 연결선을 잡아당겨 Life Raft를 팽창시킨다.

승객 탑승이 완료되면 Mooring Line을 절단하여 기체로부터 먼 안전거리로 대피한다.

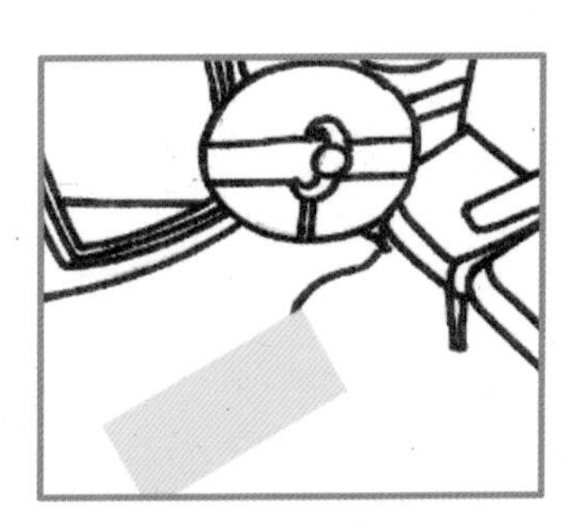

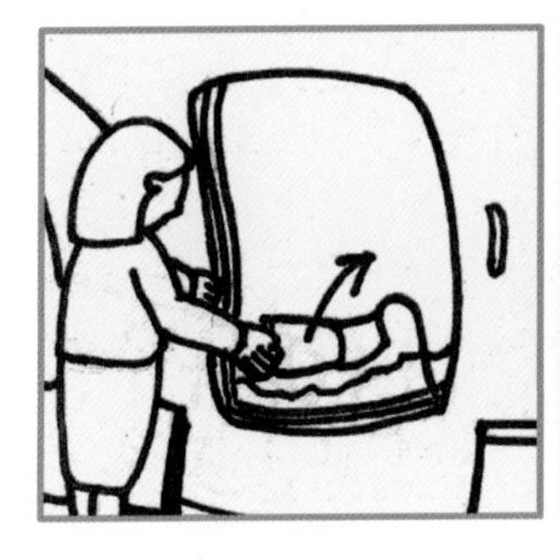

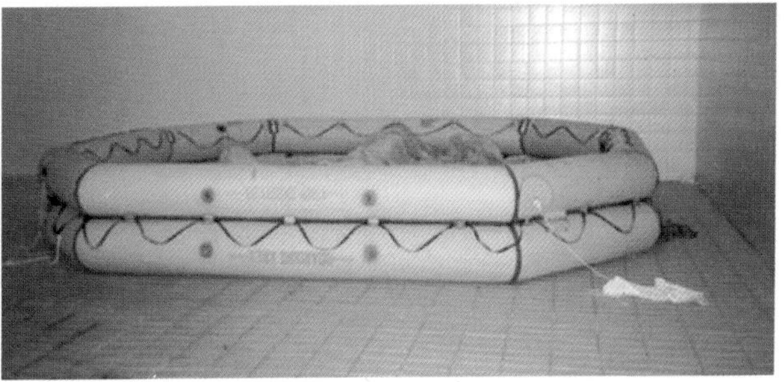

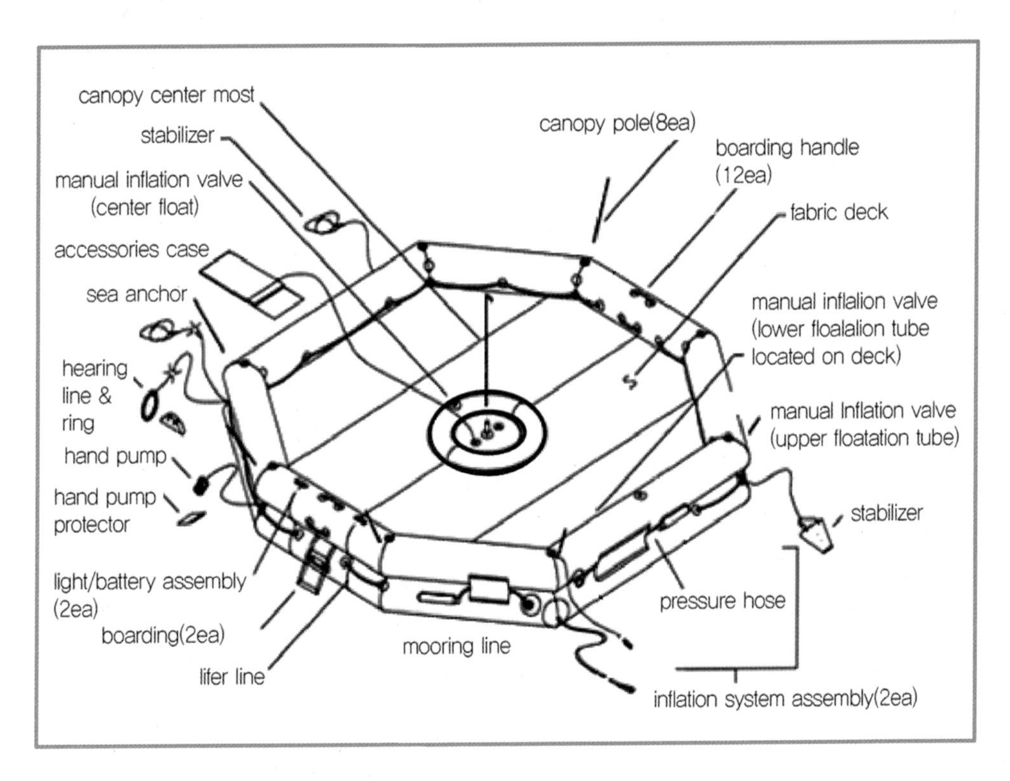

4) Slide 또는 Slide Raft의 기체 분리방법

- 비상착수 시 Slide나 Slide Raft를 기체로부터 분리시켜 항공기로부터 350m 이상 벗어나야 한다.
- Detachment Handle을 잡아당겨 분리하여도 Mooring Line으로 연결되어 있으므로 Knife로 잘라 완전히 분리시킨다.
- Detachment Handle은 Slide의 Flap을 들추면 흰색 Handle이 나온다.

2. 비상착수의 특성

항공기로부터 탈출 후 생존에 있어 가장 중요한 요소는 구조될 수 있다는 자신감을 갖는 것이다. 탈출에 성공한 승무원과 승객들은 구조될 때까지 최소한의 생존 물품만으로 주위 환경에 대처하며 생존해야 하므로 같은 공동체 의식과 상호 협력이 필요하다.

1) 상황 대처 및 적응의 어려움

훈련받은 승무원일지라도 불시에 항공기 사고를 접하면 당황하게 마련이다. 사고에 따른 심리적인 충격과 그에 따른 승무원의 즉각적인 대처능력에 어려움이 있다는 사실은 미국 FAA 실험결과에서도 증명되었다. 특히 야간에서의 적응력은 쉽지 않아 이와 비슷한 상황 연출에서의 지속적 · 반복적인 훈련을 통해서만 승무원들의 대처능력이 향상될 것이다.

2) 바닷물에 의한 급격한 체온 저하

사람이 차가운 물에 잠겼을 때 사망하게 되는 가장 큰 요인은 체온 저하이다. 우리 몸의 체온이 정상온도(36℃) 이하로 떨어지면 신체의 기능이 떨어지는 증상을 보이며 체내열을 외부로 많이 빼앗기면 체온 저하(Hypothermia)가 발생한다.

항공기 비상착수로 인하여 발생되는 체온 저하는 원인에 따라 심리적 요인에 의한 체온 저하와 차가운 물에 의한 체온 저하로 구분된다. 증상으로는 피부가 암갈색으로 변하는 것이 특색이고 온몸을 떨며 의식을 점점 잃게 된다.

우선적 응급 처치방법으로는 먼저 신체로부터 물기를 제거하고 옷이나 담요로 보온을 해주며, 몸을 주물러주고 의사의 처치를 받는 것이 가장 좋은 방법이다. 체내온도에 따른 신체변화로는 보통 정상온도는 36℃이나 30~35℃로 신체온도가 떨어지면 의식불명이 되고, 30~25℃는 거의 죽음에 이른다고 볼 수 있다. 이와 같은 체온 저하가 생존에 치명적인 이유는 심장기능의 저하와 심장발작, 그리고 순간적인 입수 충격에서 오는 과호흡 증상에서 원인이 발생된다.

- 과호흡이란 호흡을 지나치게 빨리한 결과 폐와 혈액 내 탄산가스가 정상수치보다 적게 되므로 극심한 공포, 흥분 긴장을 느낄 때 현기증, 손발 저림, 경직 등의 증상이 나타난다.

3) 주변 환경이 위협적임

비상착수에서는 구조대가 도착할 때까지 바다 위에서의 뜨거운 태양열과 심한 일교차 그리고 거친 파도 등을 이겨내야 하며, 또한 해상에서는 상어 등에 의한 위험요인도 간과할 수 없다.

4) 신속한 구조활동의 어려움

비상착수 발생 시 현장 구조에 소요되는 시간은 사고 발생지와의 거리, 날씨, 그리고 야간 혹은 주간 등의 시간대에 의해 결정된다. 사고기의 위치 파악부터 출동까지는 근거리일지라도 대체로 3시간 이상 소요되므로 구조대가 도착할 때까지 생존해 있는 것이 중요하다고 하겠다.

3. 수중생존

1) Life Vest 위치

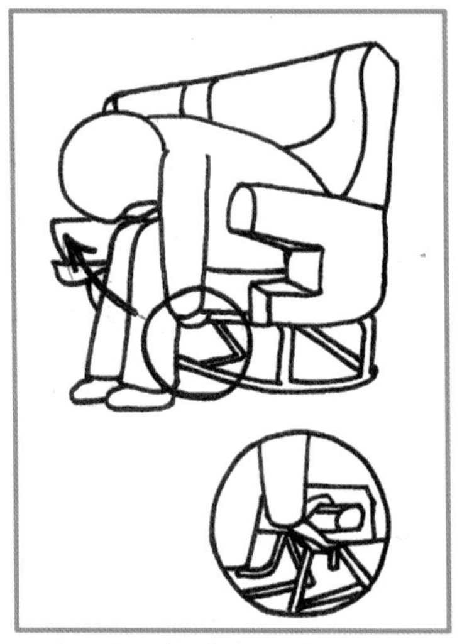

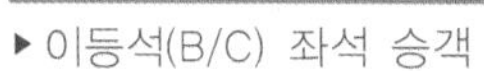

▶ 이등석(B/C) 좌석 승객

▶ 일반석(E/Y) 좌석

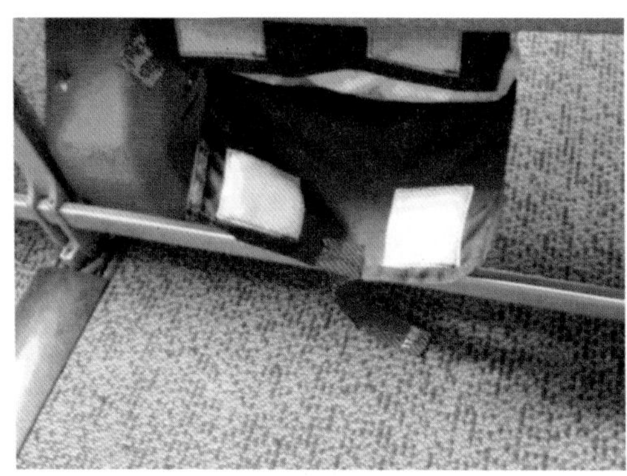

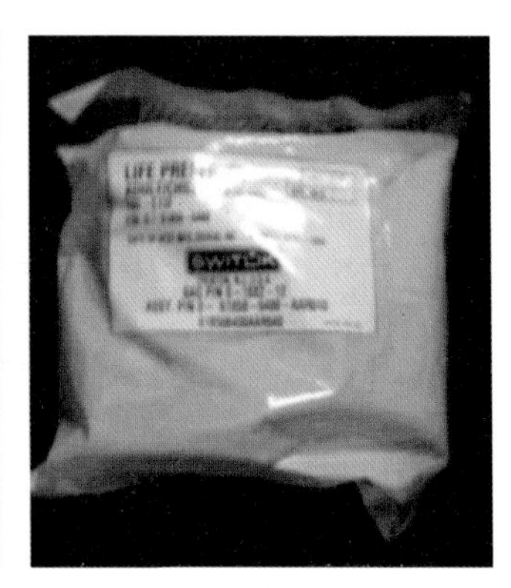

▶ 좌석 밑 Life Vest

2) 사용법

- Life Vest 착용 후 붉은색 Handle을 잡아당겨 부풀린다.
- 부풀지 않을 경우 좌우측 Tube에 입으로 불어 넣는다.
- 어린이는 한쪽만 팽창시키나 유아는 튜브처럼 양 겨드랑이 사이에 껴서 착용한다.

3) 착용법

(1) 일반 성인의 Life Vest 착용법

- 붉은색 탭을 잡아당긴다.
- 충분히 부풀려지지 않을 경우 좌우측 고무관을 통해 공기를 불어 넣는다.

(2) 어린이 Life Vest 착용법

- Life Vest를 입힌다.
- 붉은색 Tab을 잡아당긴다.
- 충분히 부풀려지지 않을 경우 보호자가 고무관을 통해 바람을 불어 넣는다.

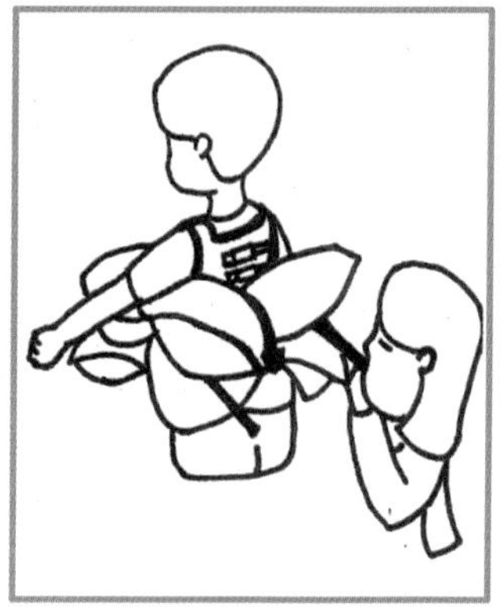

4. 생존방법

1) 입수자세

양손을 Vest 안쪽에 끼워놓은 상태에서 양팔의 겨드랑이를 벌린다. Slide/Raft에 바로 탑승하지 못하고 항공기로부터 탈출해야 한다면 바다로 직접 입수해서 Slide/Raft 위치까지 가야만 한다. 이때 항공기로부터 탈출 시 수면과 항공기 Door와는 상당한 높이로 승객들이 바다로 Jump하기에는 상당한 부담감을 갖게 마련이다. 따라서 주저함이 없도록 신속하고 안전하게 바다로 입수시키기 위해서는 다음과 같은 입수자세를 유지하도록 한다.

- 승객의 시선은 아래 수면이 아니고 수평선을 바라보게 한다.
- 겨드랑이는 벌리고 양손은 Life Vest 목부분에 끼워놓도록 한다.
- Jump 시 다리는 가위 모양처럼 벌리고 입수한다. 이때 상체가 앞으로 기울어진다거나 뒤로 눕지 말고 절대 다이빙처럼 뛰어 들어가는 것이 아니라 큰 걸음을 걷듯이 자연스럽게 물에 입수한다.

2) 체온 저하 방지자세(Heat Escape Lessening Posture)

(1) 개인 체온 저하 방지자세

차가운 물에 의한 체온 저하를 최소화하기 위해서는 가능한 신체 노출 부위를 최소화하여야 한다. 특히 신체부위 중 체열손실이 가장 많이 발생하는 부위(겨드랑이, 사타구니 등)의 노출을 최소화할 수 있는 자세 유지가 중요하다. 이러한 체열 손실을 막기 위한 자세가 생존시간을 연장할 수 있는 체온 저하 방지자세(H.E.L.P)이다.

체온 저하 방지자세를 유지하려면 양손은 목 가까이에 끼고 양팔은 몸에 최대한 붙이면서 양다리 무릎은 배에 닿도록 최대한 당긴다.

(2) 단체 체온 저하 방지자세(Huddle of Body)

개인보단 집단자세 유지가 더욱 효과적이므로 옆에 있는 사람의 체온과 나의 체온이 서로 빠져나가지 않도록 견고하게 몸을 밀착시킨다. 자세로는 좌, 우측 사람의 양팔과 나의 양팔을 서로 낀 상태에서 개인 체온 저하 방지자세를 취한다.

3) 개인영법

Slide/Raft를 항공기로부터 바로 탑승한 승객 외에는 수면으로 입수 후 개인 혹은 구조 영법으로 안전거리 혹은 구명정(Slide/Raft)까지 이동해야 하며, 탑승한 Slide/Raft는 항공기 반대방향으로 이동해야 한다.

- 몸의 긴장을 풀고 몸을 눕힌 상태로 하늘로 향하게 하고 힘을 빼면 물에 뜨게 되어 있다.
- 양손은 목 가까이에 끼고 다리는 무릎이 나오지 않는 자세에서 양다리를 45도 각도로 벌리고 오므렸다 폈다를 반복한다.
- 이때 중요한 것은 다리에 힘을 주지 않고 자연스럽게 양다리로 밀어주는 것이다.

4) 구조영법

물에 빠져서 이동하지 못하는 환자나 노약자의 경우 승무원은 구조영법으로 이들을 안전거리 혹은 구명정까지로 이동시킨다.

- 구조자의 뒷면 Life Vest를 힘껏 잡고 팔을 곧게 편 다음 잡아당기면서 개인영법으로 이동한다.
- 이동하면서 구조자는 힘을 주지 않도록 하며 지속적으로 환자나 노약자에게 생존에 대한 자신감을 심어주는 것이 중요하다.

5) 구명정 탑승훈련 및 탈출 지휘 훈련

침몰하는 기체로부터 안전거리로 이동하기 위해 구명정을 신속하게 이동시켜야 하며, 이때 승무원은 정면에 앉아 기체를 바라보고 기체 반대방향으로 승객을 지휘하도록 한다. 탈출한 승객들의 심리적 동요와 거친 파도에 따른 두려움으로 여승무원의 지휘에 의문을 갖지 않도록 리더십을 보여주는 것이 중요하다.

6) 비상착륙 및 착수 시 유의사항

(1) 탈출차림 점검

비상탈출에 성공한 승무원과 승객들은 조난부터 구조되는 순간까지 계속하여 구명정에 탑승하고 있어야 하는바, 구명정이 손상되지 않도록 탈출하기 전에 모든 승객들의 탈출차림을 점검할 필요가 있다.

(2) 탈출 전 구명복 착용

승객과 승무원들은 비상착수 시 탈출 직전 Door 앞에서 구명복을 팽창시켜야 한다.

(3) 기체 정지 후 외부상황 확인 후 탈출

항공기 정지 후에는 기장의 탈출지시 후 외부상황을 확인한 다음 즉시 탈출한다. Viewing Window를 통해 외부상황을 파악하여 개방해도 좋은지를 판단해야 한다. 항공기 Door를 Open하는 순간, 바닷물이 들어올 수 있으므로 기내 침수가 예상된다면 다른 출입문 사용을 유도한다.

5. 생존장비

비상착수 시 생존을 위한 기본 장비는 다음과 같다.

비상착수장비(Sustaining Equipment)로는 Pump, Bailing Bucket, Sponge, Knife, Canopy pole, Canopy, Sea Anchor, Clamp, Heaving Line, Life Line, Mooring Line 등이 있다.

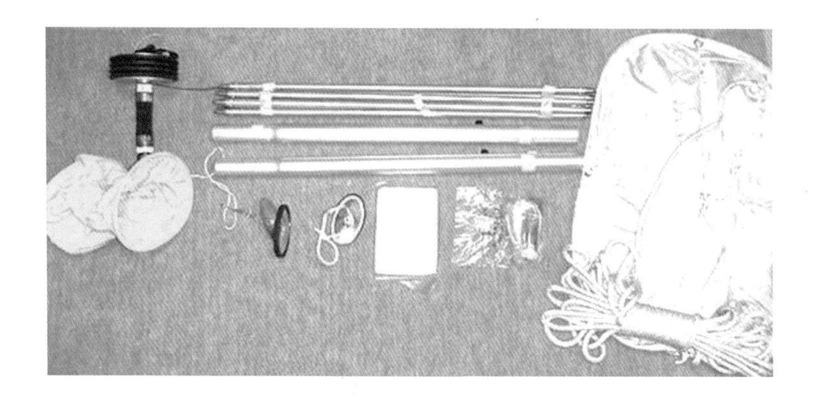

신호장비(Signal Equipment)로는 Sea Dye Marker, Sea Light, Whistle, Flash Light, Flare, Signal Mirror 등이 있다.

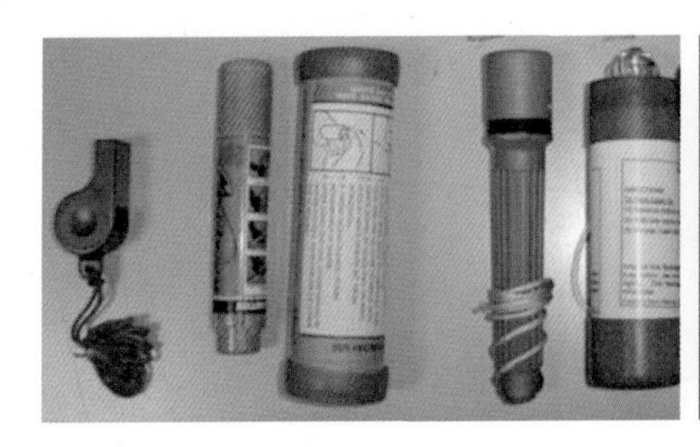
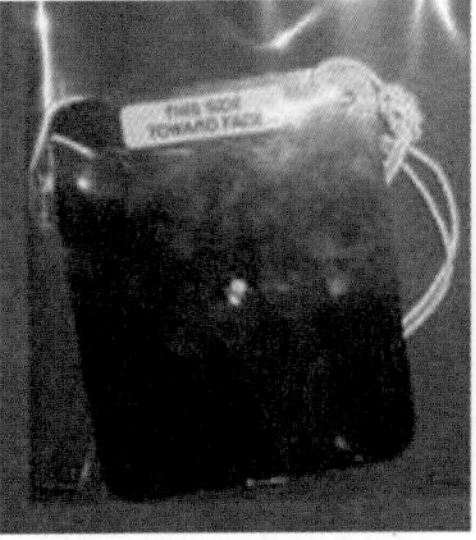
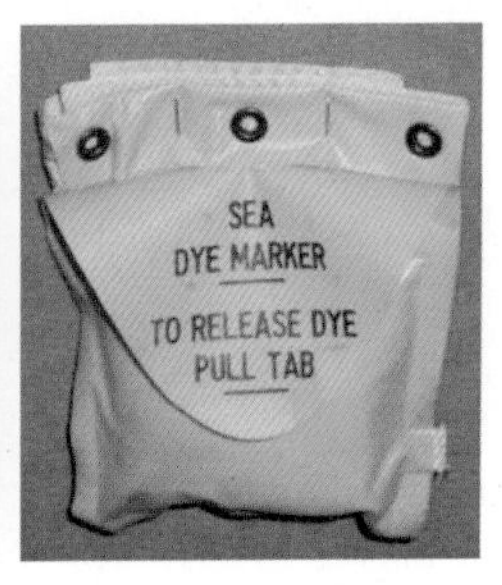

생존장비(Survival Equipment)로는 Rations, First Aid Kit, Raft Manual, Water Container, Survival Book, Sea Water Desalting Kit 등이 있다.

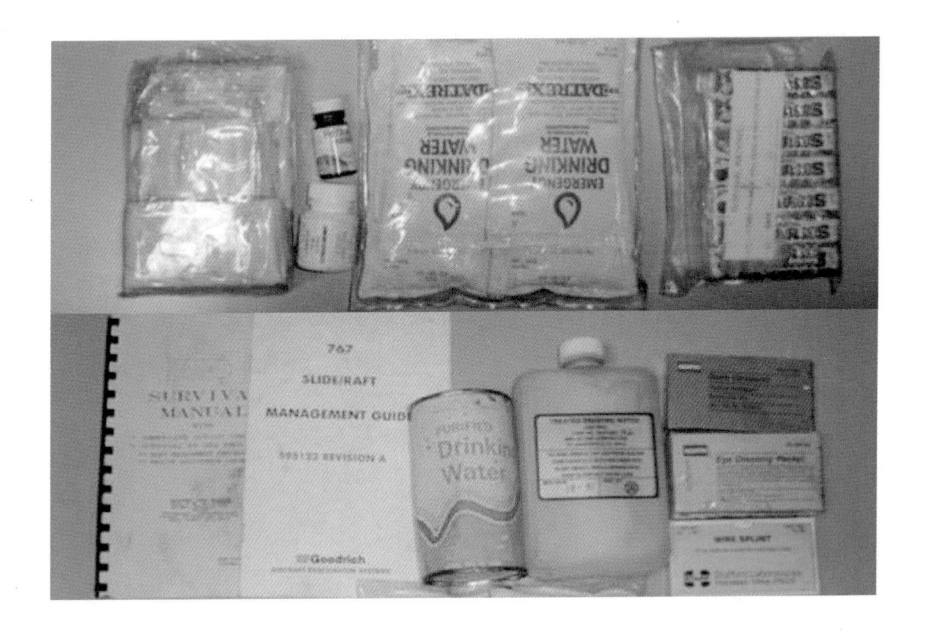

제**6**장

비상탈출 및 장비

제6장 비상탈출 및 장비

항공기가 비행 중 혹은 지상에서 이동 중에 기체의 심각한 결함이나 갑작스러운 기상악화 등으로 비상사태가 발생할 수 있다. 이러한 비상상황이 발생하면 항공기를 조종하는 운항승무원은 즉시 운항을 중단하고 대체 공항을 찾아 탑승한 승객을 안전한 곳으로 대피시켜야 한다. 따라서 승무원들은 이러한 비상사태에 대비하여 평소 철저한 교육이 이루어져야 한다.

항공기에 탑승하는 모든 승무원들은 지상에서 항공기 출발 전 각자 근무를 배정받은 구역에서의 비상장비 및 보안장비, 그리고 시설에 대한 점검을 철저히 하여 비행에 이상이 없도록 해야 한다. 장비들의 보관 위치, 작동 가능여부, 수량, 사용 흔적이 있는지 등을 점검하며 이상이 있으면 지상에서 교체하여 비행해야 한다.

초기 항공기에는 탈출용 미끄럼틀인 Slide와 구명보트 역할인 Life Raft가 각각 분리되어 운영되었으나, 현재는 Slide와 Raft의 기능이 합쳐져 사용할 수 있게 제작되었다. 이와 같이 2가지 기능이 합쳐진 이유는 위급상황에서 무거운 Slide Raft 장비를 꺼내어 바다에 던진다는 것이 쉽지 않기 때문이다.

제1절 비상탈출

1. 항공기 탈출구(Aircraft Exit)

항공기 Door의 경우 평소에는 기내식 공급과 승객의 탑승 및 하기 등에 이용되나 비상시에는 항공기로부터 탈출하기 위한 출입구로 활용된다.

2. Slide, Slide & Raft, Life Raft의 구분

1) Slide

비상탈출의 미끄럼틀 기능만 있으며 착수 시에는 Floating 역할로 활용한다. 주로 소형기종의 B737, A321, B747 Upper Deck Door 내에 장착한다.

2) Slide & Raft

항공기에서 자동 Inflation되어 비상착륙 시에는 미끄럼틀의 역할을 하고 비상착수 시에는 기체로부터 분리해 보트 Raft로 활용할 수 있다.

3) Life Raft

비상착수 시에는 구명정으로 사용하며 기내 Overhead Bin에 탑재되어 있다.

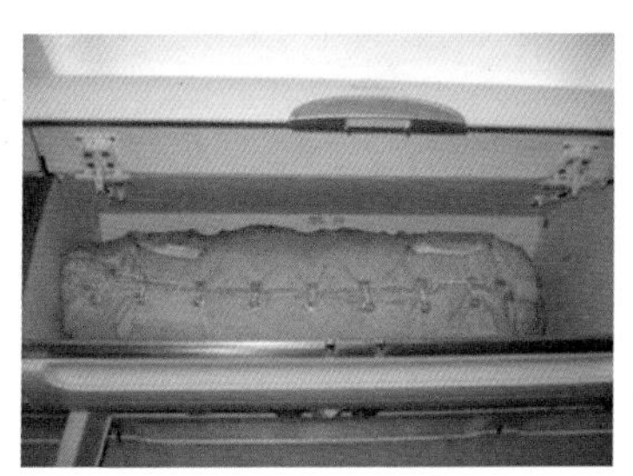

▸ A321 기종 내 Overhead Bin

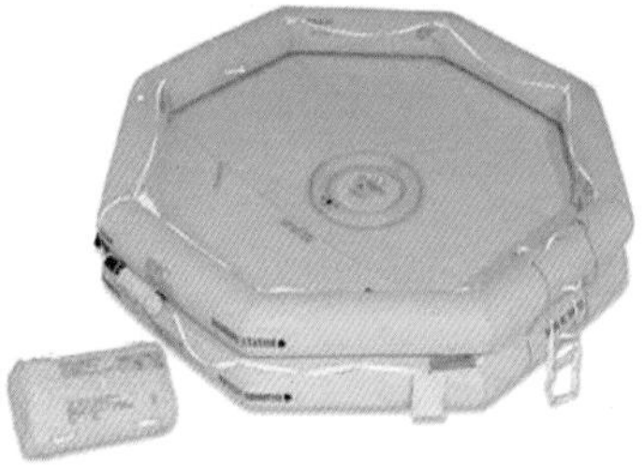

▸ 구명정이 펼쳐졌을 때의 모습

3. 수동조작(Manual Inflation Handle)

비상탈출 시 Slide Mode를 팽창위치(Armed)에 두고 Door를 열면 Slide(Slide & Raft)는 자동으로 팽창된다. 만약 자동적으로 팽창되지 않았을 경우 신속히 Manual Inflation Handle을 잡아당겨 수동으로 팽창시킨다.

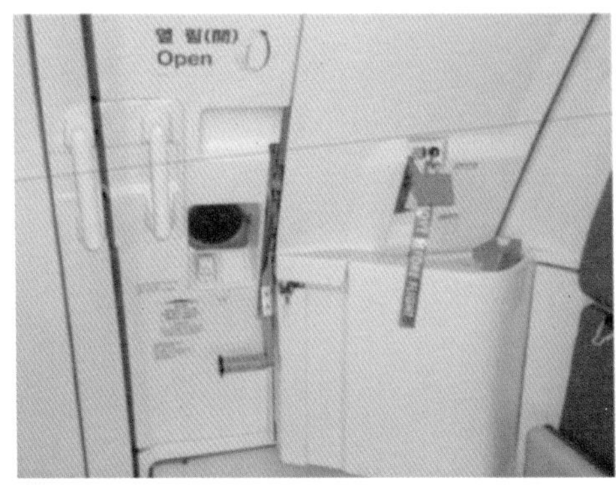

▸ Door Close

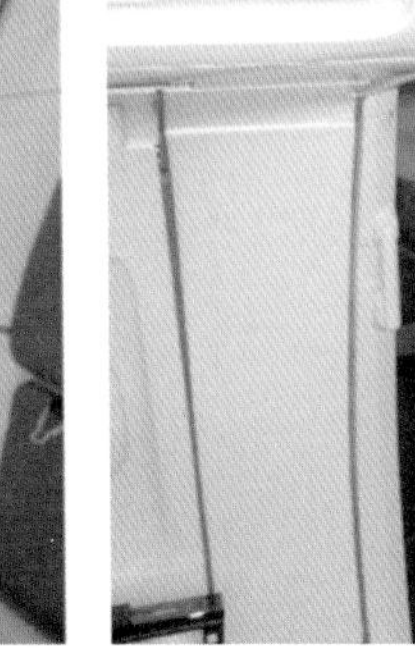

▸ Door Open

4. 항공기로부터 분리조작(Detachment Handle)

항공기의 비상착수 시 항공기와 Slide(Slide & Raft)를 분리시키고자 할 때에는 Detachment Handle을 잡아당기면 된다. 분리하는 방법은 먼저 Flap을 들어 올리고 그 다음 Detachment Handle을 잡아당긴다. 그러나 Detachment Handle을 잡아당겨도 항공기로부터 완전히 분리되는 것이 아니라 Mooring Line으로 연결되어 있는바, 이때는 칼로 자르거나 매듭을 당겨 항공기로부터 완전히 분리시킨다.

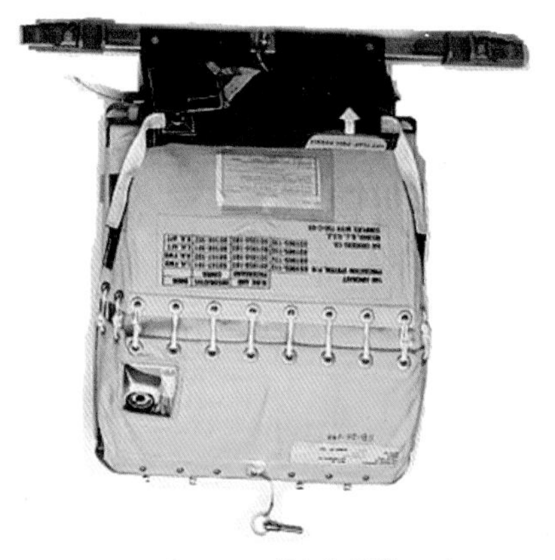

▸ Slide Raft가 Door 내부에 접힌 모습

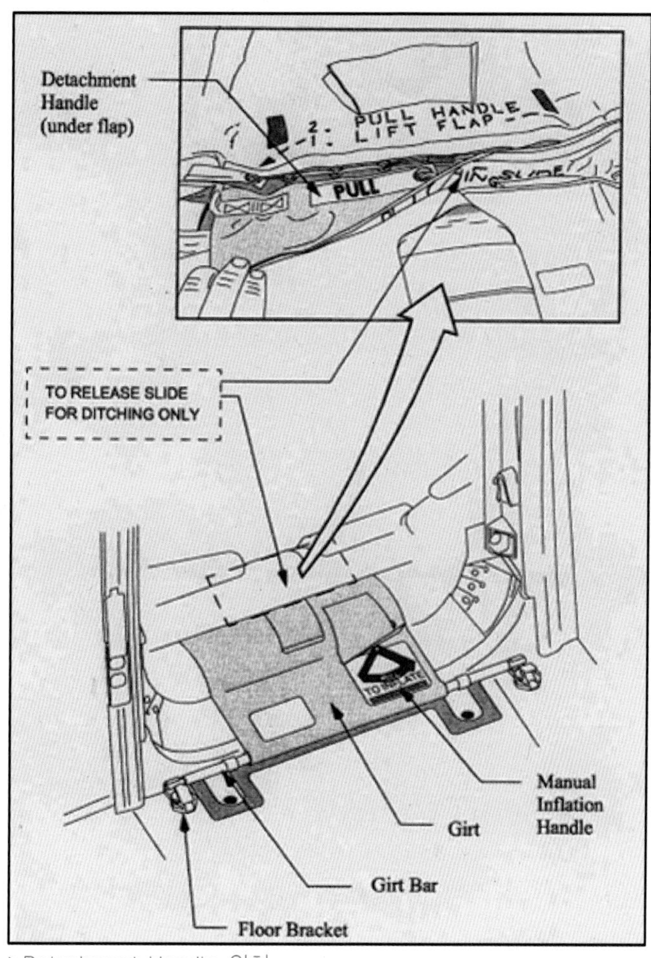

▶ Detachment Handle 위치

각 기종별 Slides 또는 Slide Raft 장착 수량

- B737-400 Door 8ea, Slide 4ea
- A321-200 Door 8ea, Slide 4ea, Slide raft 4ea
- B767-300 Door 8ea, Slide 6ea, Slide raft 2ea
- A330-300 Door 8ea, Slide 4ea, Slide raft 4ea
- B777-300 Door 10ea, Slide 4ea, Slide raft 4ea
- B747-400 Door 12ea(U/D 2ea 포함), Slide 8ea, Slide raft 4ea

5. 비상구(Overwing Exit)

하단의 손잡이를 잡고 상단의 손잡이를 완전히 잡아당겨 Door의 Frame으로부터 분리시킨다.

분리법

- 위아래 손잡이를 잡고 내부로 잡아당긴다.
- 분리된 Exit은 탈출에 지장을 주지 않는 곳에 두도록 한다.

6. 조종석 탈출구(Cockpit Exit)

Cockpit 내 조종사들은 탈출 시 Main Door를 이용하나 여의치 않을 경우 Cockpit 창문 위에 달려 있는 로프 보관함에서 로프를 꺼내 창문을 통해 항공기 밖으로 탈출한다.

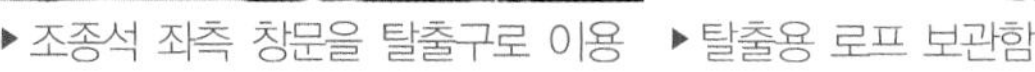
▸조종석 좌측 창문을 탈출구로 이용 ▸탈출용 로프 보관함

탈출법

- 조종석 창문을 깨고 탈출로를 확보한다.
- 비상로프(Emergency Escape Rope)를 이용해 지상으로 탈출한다.

제2절 화재장비

항공기 내에서 화재 발생 시 화재상황에 맞는 각종 소화기가 항공기 내에 장착되어 있다. 소화기도 화재 유형별로 선별해서 사용하는 것이 중요하다.

1. H_2O 소화기

고형물질, 종이, 의류 등의 일반화재에 사용하며 기름 전기 화재에는 사용하지 않는 점에 유의한다. Halon 소화기로 소화 후 재발의 위험을 막기 위해 H_2O 소화기를 추가 사용하기도 한다.

사용방법

- 소화기를 바로 세우고 시계방향으로 돌린다.
- 힘을 주며 돌리면 Wire Sealing이 끊어진다.
- 소화기는 2미터 거리에서 불을 향해 레버를 누르면 분사된다.

〈주의사항〉
- 전기, 기름 등 사용 시 불길이 번질 우려가 있으므로 사용해선 안 된다.
- 사용 시 옆으로 눕혀 사용하지 않고 수직으로 바로 세워 사용한다.
- 조종석이나 Galley 내부에서는 사용을 금한다.

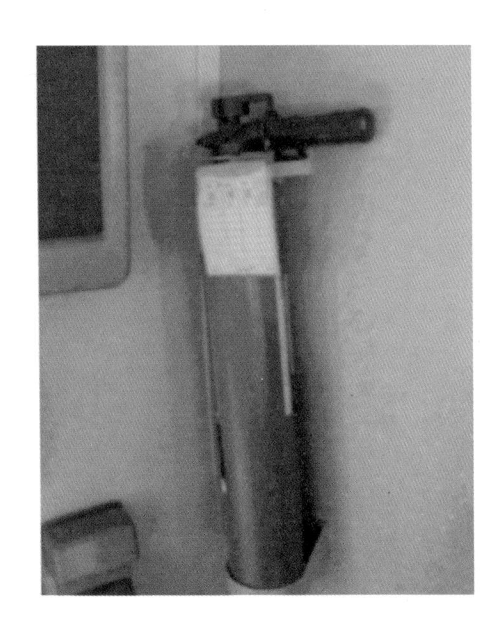

2. Halon 소화기

- 주로 기름, 전기, 전자장비 등 내부시설물 일반 화재에 사용한다.
- 특히 기계부분에 손상을 주지 않아 내부시설물 화재 사용에 적합하다.

사용방법

- 봉인된 Seal과 안전핀을 제거한 후 화재 지점으로부터 2미터를 유지한다.
- 손잡이를 완전히 오른쪽으로 돌리고 레버를 움켜쥐며 좌우로 분사한다.
- 소화기를 수직으로 세워 Nozzle을 불꽃 밑으로 향하게 하고 분사한다.

〈주의사항〉

- 분사력이 강해 다른 곳으로 불꽃이 흩어지거나 이로 인해 화상을 입을 우려가 있으므로 일정한 거리를 두고 분사한다.

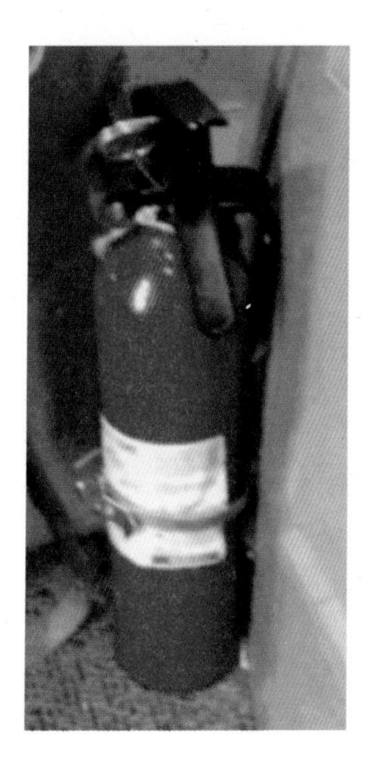

3. 열감지형 소화기

- 화장실 휴지통 내부에서 발생하는 화재를 자동 진화하기 위해 열감지형 소화기가 휴지통 상단에 설치되어 있다.
- 일단, 열감지형 소화기센서가 열을 감지하면 열감지형 소화기가 Halon을 자동 분사해 화재를 진압한다.

▸ 화장실 내 열감지형 소화기

4. 손도끼(Crash axis)

접근이 어렵거나 Door가 열리지 않아 기내화재 진압이 어려울 경우 접근로 구축 및 장애물 제거를 위한 장비로 사용된다. 단, 항공기에 손상을 주면서 화재를 진압해야 하는 경우 반드시 기장과 협의해야 하며 손도끼 자체의 위험성 때문에 조종석 내에 보관하게 되어 있다.

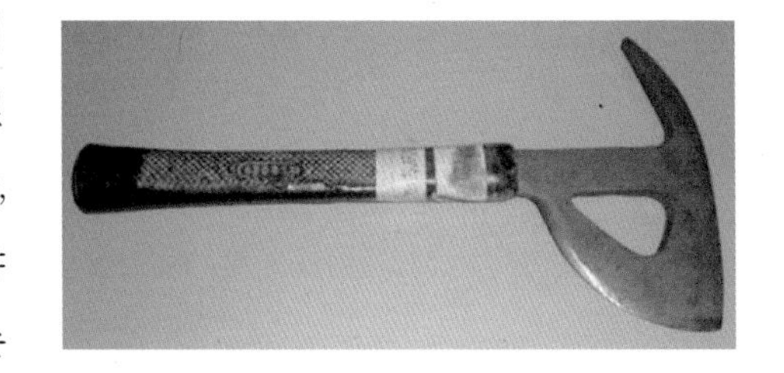

5. 석면장갑

화재진압 과정에서 뜨거운 물체나 불타는 물체를 잡아야 하는 경우 손을 보호하기 위해 불연성 석면으로 제작된 석면장갑을 이용한다. 석면장갑은 조종석 내에 보관되어 있다.

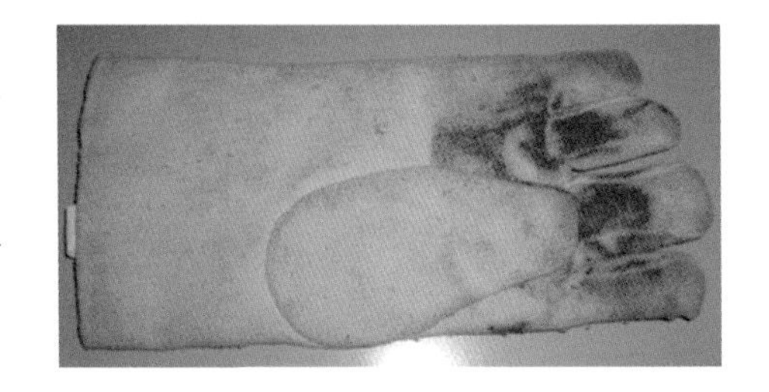

6. 방화복

화재 진압 시 방화복을 착용하고 화재 진화 및 확인 작업을 한다.

7. PBE(Protective Breathing Equipment)

기내에 발생한 화재 진압 시 연기 및 유독가스로부터 시야를 확보하고 산소공급 및 안면을 보호해 준다. PBE 착용상태로도 의사소통이 가능하고, 재질은 방염소재이며 진공 포장되어 기내에 비치되어 있다.

〈주의사항〉

- 사용 15분 이상 경과 시 내부온도가 상승하므로 신속히 벗도록 한다.

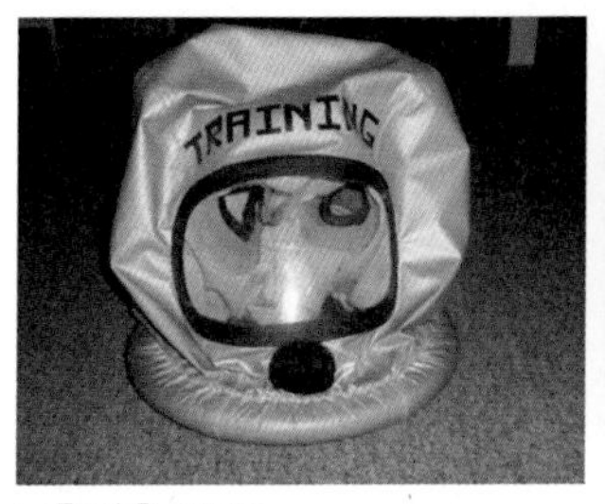

▸ 훈련용 PBE

▸ Crew PBE

8. Smoke Goggle

화재 진압 시 연기로부터 눈을 보호하며 Cockpit 내에 보관되어 있다.

9. Circuit Breaker

전기의 과부화로 화재 발생 시 전원을 자동적으로 차단해 주는 장치이다. 전기의 과부하가 발생하면 Circuit Breaker가 자동적으로 튀어나온다.

〈주의사항〉

- 튀어나온 Circuit breaker는 임의로 재연결시키지 않도록 한다.
- 재연결이 필요할 경우 기장에게 승인을 득한 후 연결한다.

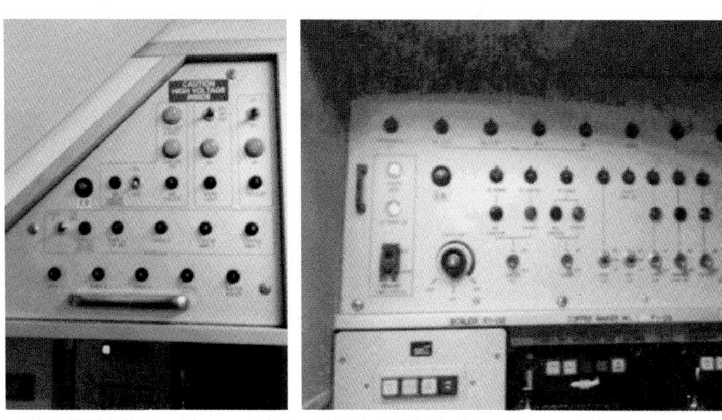

▸ A321 FWD Galley Power S/W ▸ A330 AFT Galley Power S/W

10. Master Power Shut Off Switch

항공기는 대부분의 Galley 전원을 조종실에서 공급 및 차단할 수 있으나, B747 및 B777 기종의 항공기는 Galley에서 전원 공급을 차단할 수 있는 Master Power Shut off Switch가 설치되어 있다.

11. Smoke Barrier

A380, B747과 같은 2층 구조의 항공기에 장착되어 있는 것으로 화재연기가 계단을 통해 Upper Deck으로 올라가지 못하도록 막아주는 장치이다. Smoke Barrier는 계단벽의 Decorative Cover 안에 들어 있으며 필요시 이를 펼쳐 계단 입구를 덮는다.

▸ Smoke Barrier가 접힌 부분

▸ B747-400 Upper Deck 계단

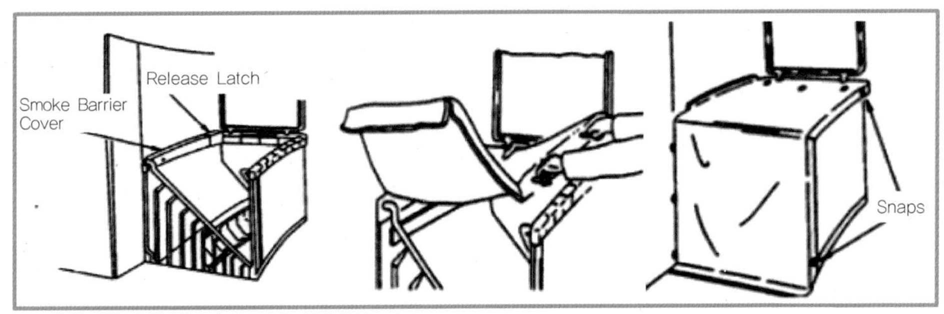

▸ Smoke Barrier 설치방법

12. Smoke Detector

기내화재 방지를 위해 화장실 및 Crew Bunk 내에는 연기 감지기(Smoke Detector)가 설치되어 있다. Smoke Detector가 연기를 감지하면 강한 경고음과 동시에 Alarm Indicator light가 녹색에서 적색으로 변경되는데, 이는 연기가 소멸할 때까지 지속 작동된다.

일부 항공기에는 Smoke Detector가 정상 작동되는지를 점검할 수 있는 Smoke Detector Test Button이 설치되어 있기도 하다.

제3절 비상탈출 장비

1. Emergency Light

비상탈출 시 시야를 확보하고 비상탈출경로에 대한 식별이 가능하도록 객실 천장 및 통로에 비상등이 설치되어 있다. 각 비상구에 위치한 비상탈출구 표시등은 비상탈출구의 위치를 알려주기 위해 설치되어 항공기 내 화재 등 연기로 시야가 방해되더라도 승객이 쉽게 탈출통로를 찾을 수 있게 한다. Cockpit과 Cabin에 스위치가 있으며 기내 전원공급이 중단되면 자동으로 켜진다.

2. Life Vest

착수 시 승객들을 물 위에 떠 있게 하기 위한 장비로 익사를 방지하기 위하여 승객 및 승무원이 착용해야 하는 개인용 안전장비이다.

Life Vest는 해상 표류 시 체온의 저하를 막으며 모든 항공기에서는 이륙 전에 구명복 착용 및 사용법에 대해 승객들에게 주지시켜야 한다.

구명복은 기내 다른 장비에 부딪혀 찢어지는 등의 손상을 입을 우려가 있고 탈출에 방해가 될 수 있으므로 기내에서 부풀리면 안 되며 비상탈출 직전에 부풀려야 한다. 그러나 유아용 구명복은 탈출 전 기내에서 사전에 부풀리는 것이 가능하다. 일반 승객용은 노란색으로 승객 좌석 하단 및 Armrest 하단에 보관되어 있다.

야간일 경우 어깨부분에 해수 전지로 점등하는 작은 위치 표시등이 켜지는데, 약 8시간 이상 작동된다. 이는 야간에 위치 표시등을 통해 신속히 구조할 수 있도록 도움을 준다.

사용방법

- Life Vest 착용 후 붉은색 Handle을 잡아당겨 부풀린다.
- 부풀지 않을 때는 좌우측 Tube를 입으로 불어서 팽창시킨다.
- 어린이는 한쪽만 Inflation시키며, 유아는 튜브처럼 양 겨드랑이 사이에 낀다.

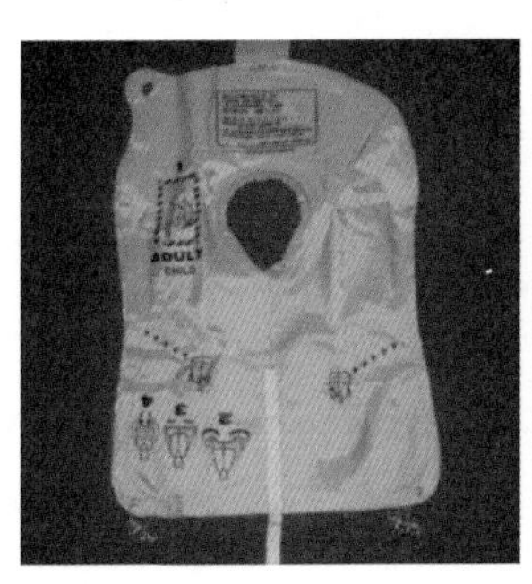
▸ Life Vest

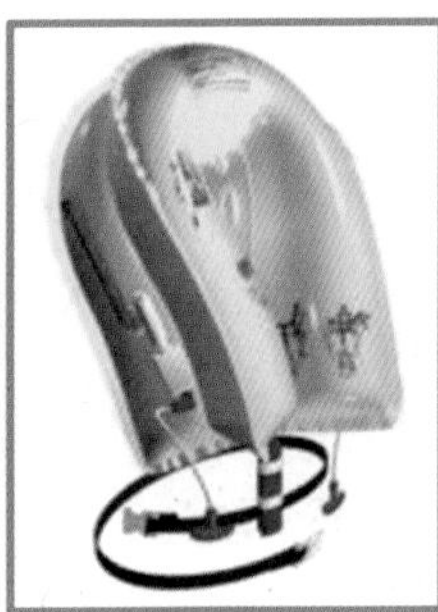
▸ 일반 성인용

▸ 유아용

3. Megaphone

기내 및 외부에서 비상탈출 명령을 전달할 때나 탈출을 지휘할 때 사용하는 장비이다.

사용방법

- 손잡이와 버튼을 누르고 입 가까이에 대어 사용한다.

4. Flash Light

비상시 기내에서 연기 등으로 시야 확보가 되지 않는 상태에서 기내 승객을 유도하고 신호를 보내며, 특히 야간에 시야를 확보하기 위해 사용한다. 승무원 좌석 밑에 위치하며 장착되는 동시에 자동적으로 불이 켜진다.

▶ 승무원 Jump Seat 밑에 장착되어 있는 Flash Light 및 Life Vest

5. E.L.T(Emergency Locator Transmitter)

항공기가 조난을 당했을 때 긴급조난 신호를 무지향성으로 전파하는 비상용 무선 송신기를 E.L.T(Emergency Locator Transmitter)라고 한다. 해상과 육상 어디서든지 사용 가능하여 조난의 위치를 알려주는 장비로 물과 접촉하여 작동되는 Battery를 전원으로 사용한다. 이러한 조난신호는 48시간 지속되며 이는 인공위성을 통해 구조본부와 자동으로 연결된다.

사용방법

① 해상

- E.L.T를 Slide/Raft 내 Life Line에 묶은 후 바다에 던져두면 수용성 테이프로 부착되어 있는 안테나가 수직으로 직립하게 된다. 이때 안테나를 통해 자동으로 전파를 발신한다.

② 육상

- 안테나 묶은 Tape를 풀어 안테나를 세운다.
- 물, 커피, 주스 등을 넣은 비닐 백에 E.L.T를 넣어 센서까지 잠기도록 한다. 그러나 점성이 강한 액체는 사용하지 않는 게 좋다.
- 발신이 용이한 높은 언덕이나 나무 위에 고정시킨다.

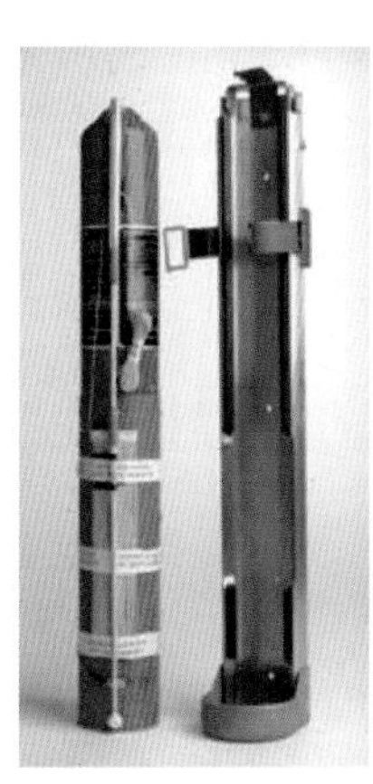
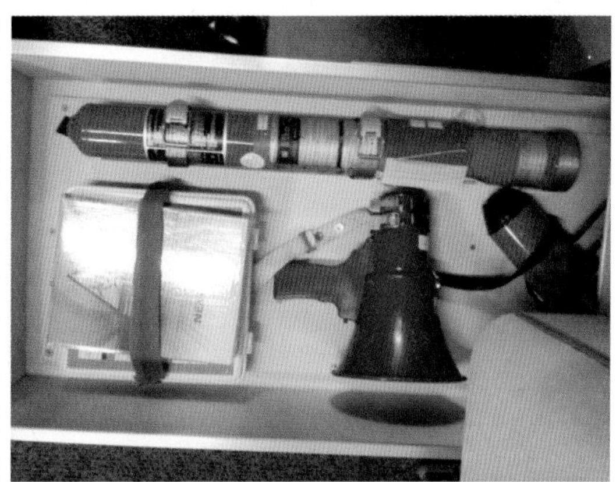

제4절 비상착수 시 설치용 장비

1. Canopy(차양)

비상탈출 후 Slide Raft의 천장을 덮어 바다의 뜨거운 태양열, 비, 바람, 추위를 피할 수 있다. 장시간 바다 표류 시에는 빗물을 받아 이를 식수로 사용할 수 있다.

설치법

- Canopy를 펴서 덮으며 출입구는 사다리 모양의 Boarding Station에 맞춘다.
- Pole Site와 Canopy의 가장자리를 고정시킨다.

2. Canopy Pole(차양 지지대)

Canopy 설치를 위한 기둥과 같은 지지대이며 Slide Raft 팽창 시 자동으로 위로 솟아 오른다. 이 지지대 기둥에 차양을 부착하면 강력한 바람 및 뜨거운 햇볕에서도 견딜 수 있다.

3. Clamp(수리용 조임쇠)

Slide/Raft의 바람이 빠지거나 찢겨 공기가 빠지면 Raft는 부유력이 줄어드는 위험한 상황이 올 수 있다. 이때 Raft의 파손된 부분을 수리하는 데 사용하며 파손된 크기에 따라 소형 및 대형 Clamp를 사용한다. 요즘에는 접착력이 우수한 튜브 보수용 테이프가 사용되기도 한다.

사용방법

- 고무 Seal이 붙은 부분과 금속 뚜껑을 분리한다.
- 고무 Seal이 붙은 부분을 수리부분에 집어넣고 금속 뚜껑을 씌운다.
- 나사로 조인다.

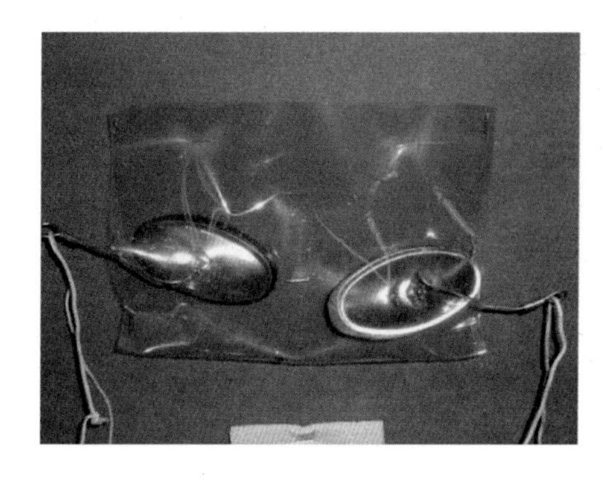

4. Heaving Line

Slide Raft 둘레에 하기와 같이 고무링이 달려 있으며 인명구조나 Raft를 상호 연결할 때 사용한다.

5. Life Line(Belt Line)

Raft 바깥 둘레에 달린 줄로 물속에 있는 승객들이 줄을 잡아 몸을 의지할 수 있고, 또한 Raft를 상호 연결하여 묶는 끈으로 활용할 수 있다.

6. Sea Anchor

Slide/Raft를 파도나 풍랑 속에서도 뒤집히지 않고 안정적으로 유지하기 위해 닻으로 활용된다. 또한 해양구조대가 올 때까지 사고지역에서의 표류속도를 늦춰주는 고정축의 역할을 한다.

사용방법

- 외부 Tube 사이에 접혀 있는 천으로 만든 역삼각형 모양의 닻으로 이를 물속에 집어넣어 물의 저항을 일으켜 사용된다.

▶ Slide Raft에 달린 Sea Anchor

▶ 바닷속에서 닻 역할을 하는 Sea Anchor

7. Hand Pump

Slide/Raft의 바람이 빠지거나 손상을 입으면 부유력이 줄어들어 위험해지며, 이때 손잡이가 달린 소형 펌프를 이용하면 공기가 빠진 튜브에 공기를 주입시킬 수 있다. 공기가 주입된 Raft는 안전하게 평형을 유지할 수 있다.

8. Bailing Bucket

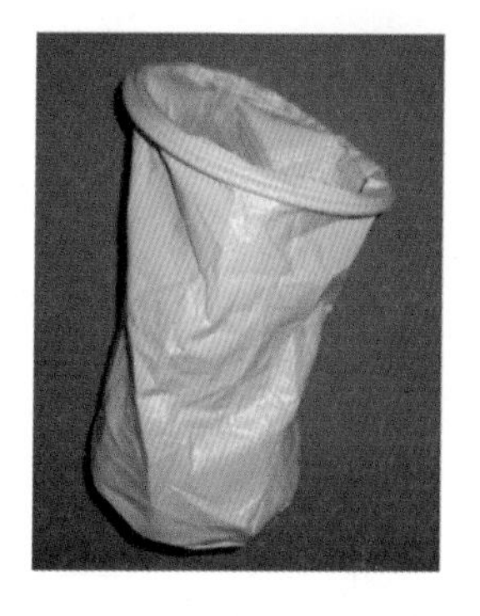

Slide/Raft 내에 들어온 물을 밖으로 퍼내거나 식수로 이용하기 위해 빗물을 받을 수 있다.

9. Sponge

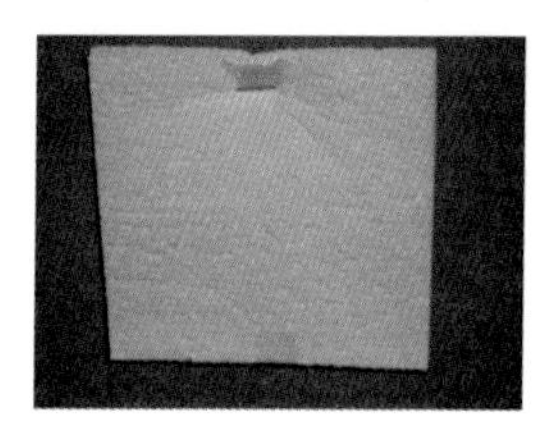

Bailing Bucket으로도 Slide Raft 내의 완전히 제거되지 않은 소량의 물을 제거하는 데 사용한다.

10. Knife

Mooring Line을 끊거나 Raft 수리 시에 사용하는 다목적 소형 칼이다.

11. Mooring Line

Slide/Raft와 항공기를 연결한 줄로 사고기로부터 안전거리로 이동할 경우 칼로 자른 뒤 신속하게 이동하도록 한다.

제5절 신호용 장비(Signal Equipment)

1. Flare Kit(연기불꽃신호기)

연기나 불꽃으로 Raft의 조난위치를 시각적으로 알리는 데 사용되며, 주간에는 오렌지색의 연기, 야간에는 붉은색의 불꽃으로 구조신호를 보낼 수 있다. Cover가 붉은색은 야간용이며, 오렌지색은 주간용이다. 주간용의 경우 'D' 표시가 되어 있다.

Flare Kit 사용시간은 15~20초의 짧은 시간으로 사용 시에는 신중을 기해야 한다. 주간에는 약 10km의 거리에서도 식별이 용이하며 야간에는 약 5km 거리에서 식별이 용이하다. 반드시 바람을 등지고 사용하며 Kit의 끝부분을 잡도록 한다. 또한 Raft에 불꽃 등으로 손상을 줄 수 있으므로 Raft 외부(바다) 쪽으로 팔을 뻗어 사용해야 한다.

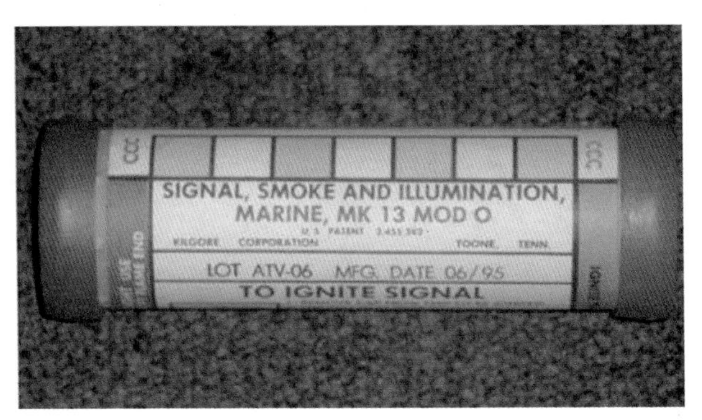

▸ 왼쪽은 붉은색으로 야간용, 오른쪽은 오렌지색으로 주간용

2. Signal Mirror(신호거울)

금속으로 만든 조그만 손거울 형태로 제작되어 있으며, 지나가는 항공기나 선박에 햇빛을 반사해 신호를 보내며 햇빛이 강할 때는 먼 거리까지 구조신호를 보낼 수 있다.

3. Sea Dye Marker(해양 염색체)

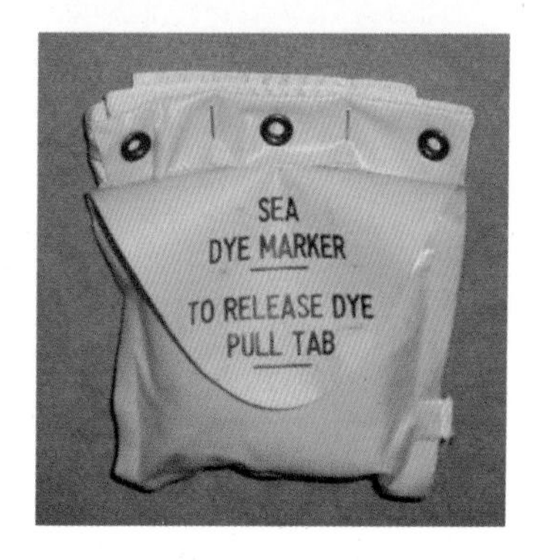

물에 담그면 바닷물이 염색된다. 형광물질이 함유되어 있으므로 야간에도 사용 가능하며 다른 구조장비보다 효과적이라 할 수 있다. Slide Raft 주변 전체를 염색시키면 대략 30분 정도 유지되는 효과가 있다.

4. Whistle(호각)

호각을 불어 구조신호를 보내거나, 탈출 지휘 시에 사용한다. 특히 시야가 확보되지 않을 때 유용하며 야간 혹은 안개로 인해 시야확보가 어려울 때 청각으로 위치를 알릴 수 있다.

5. Sea Light

Slide/Raft, Canopy에 장착되어 있다. 1촉광 밝기이며 야간에 먼 거리에서도 Slide/Raft를 식별할 수 있게 한다.

제6절 생존용 장비(Survival Equipment)

구조대의 지연을 감안해 식수 또는 음식 대용품들이 최소한의 생존장비로 탑재되어 있다.

1. Sea Water Desalting Kit

나트륨 흡착제에 의해 해수를 담수로 만들어준다.

2. Water Container

바로 마실 수 있는 식수이다. 병이나 캔의 형태로 되어 있다.

3. Ration

주로 섭취하면 열량이 높은 제품들이 비상식량으로 사용되며 검(Gum), 초콜릿, 비타민, 캔디 등이 있다.

4. Survival Book

오지 등 인적 없는 곳에서의 생존을 위한 방법들이 수록된 책자이다.(식용 가능한 풀/열매/고기/집 짓는 방법 등 수록)

5. Raft Manual

바람 넣는 방법, 장비들의 위치 등 Raft에 관한 모든 정보가 수록되어 있다.

제7절 의료장비

비행 중 승객의 사고 및 질병 발생 시에 사용하기 위해 기내에 탑재되는 장비 및 의약품으로 다양한 종류가 있으며 승무원들은 해당 내용물에 대한 구성 및 사용법에 대해 이해하고 있어야 한다.

1. 비상 의료함(Emergency Medical Kit)

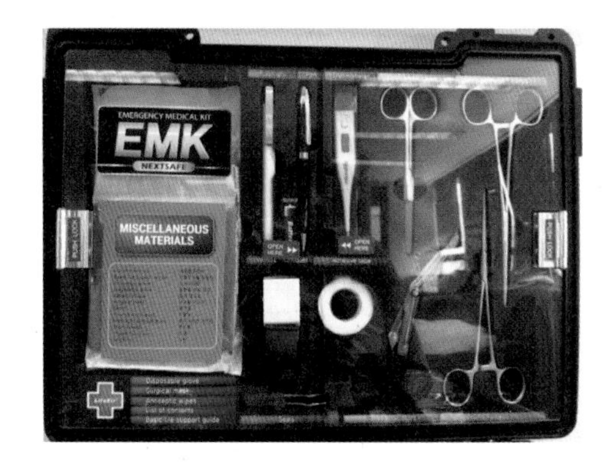

항공기 운항 중 응급환자 발생 시 기내에 탑승한 의료 면장을 소지한 전문 의료인(의사, 간호사)이 치료를 위해 사용할 수 있는 의료품과 의료기구로 구성되어 있으며 승무원들은 사용할 수 없다.

환자상태에 따라 진단하고 약물을 주사하며 간단한 외과수술 등의 전문적 치료가 필요할 때 사용하는 장비로 혈압계, 주사기, 청진기, 소독장갑 등의 기구와 각종 주사제가 포함되어 있다. 미국 FAA 및 국내 항공법에는 EMK를 반드시 항공기에 탑재하도록 명시되어 있다.

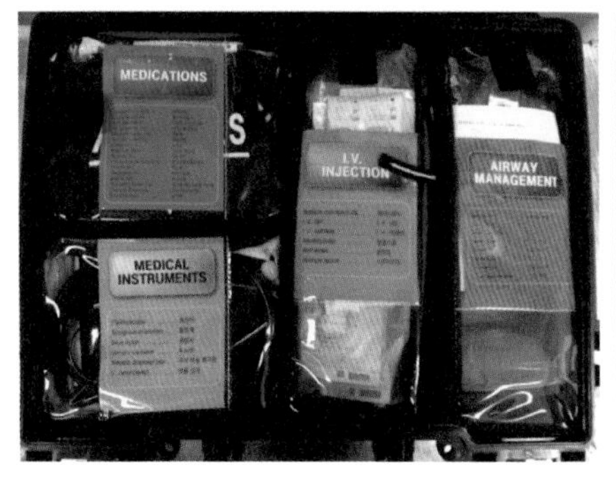

사용방법

- 사용 전 기장에게 보고하고 내용품 List를 의사에게 보여주어 필요한 경우 Seal을 제거하여 사용하도록 안내한다.
- Kit 내에 있는 In-Flight Medical Record를 의사가 작성하여 환자의 신상정보 및 환자상태를 기록한 후 지상 후송 시 의료진에게 함께 인계한다.

〈주의사항〉

- 전문 의료인만 사용할 수 있으며 간호사는 혈압계, 청진기만 사용 가능하다.

2. First Aid Kit

항공기 운항 중 승객의 사고 및 질병 발생 시에 사용하기 위해 기내에 탑재되는 의약품이다. 동 장비들은 항공법에 의해 반드시 탑재되도록 규정되어 있고 좌석 50석당 1개씩이 탑재되어야 한다. 예를 들면, 150석 항공기인 경우 약 3개가 탑재되어야 한다. 내용물로 정수제, 멀미약, 붕대, 삼각건, 소독약, 안연고 등 응급처치에 필요한 의약품이 들어 있다.

〈주의사항〉

- 의사 처방 없이 사용은 가능하나 일부 품목에서 전문 의료인의 도움을 받아 사용함을 원칙으로 하는 약품이 있다. 사용 시 반드시 부작용 유무를 확인한다.
- 먼지나 습기로부터 안전해야 하고 승무원이 손쉽게 접근할 수 있는 위치에 배치되어야 한다.

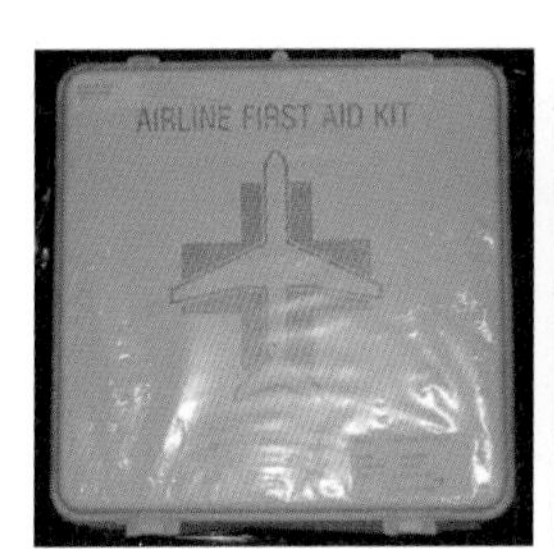

3. Cabin Medical Bag

- 일반 의약품으로 일반 서비스용품과 같이 탑재된다.
- 승객에게 약품을 제공하기 전에 부작용 등의 여부를 사전에 확인한다.
- 내용물로 소화제, 두통약, 지사제, 반창고 등이 있다.

4. Pocket Mask & Glove(귓속형 체온계)

- 감염방지를 위해 Glove를 끼고 사용한다.
- 모든 기종에 탑재되며 FAK(First Aid Kit) 주변에 위치한다.

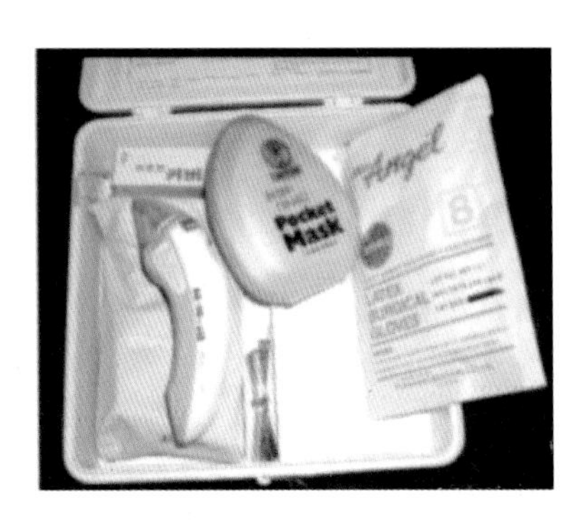

5. AED(Automated External Defibrillator)

- 심장마비 환자의 심장기능을 정상적으로 소생시킬 목적으로 사용한다.
- 국내 항공사에서도 기내 자동 심실 세동기를 탑재하고 있으며, 승무원들에게 사용법을 교육시키고 있다. 기내에서는 교육을 이수한 승무원만이 사용할 수 있다.
- AED는 비행 중 환자에게 순간적인 고압 전기 충격을 가해 정상적으로 심장박동을 할 수 있게 만드는 장치이다.
- 신속한 전기 충격은 환자의 소생 가능을 높이는 만큼 신속한 의사결정이 필요하다.

〈주의사항〉

- 의사가 사용방법을 모르면 객실장의 주도하에 사용할 수 있다. 그러나 단독 사용은 금한다.
- 만 8세 이상(체중 36kg 이상)의 환자에게만 사용할 수 있다.
- 배터리에 의해 작동하므로 충전상태를 반드시 사전 점검한다.
- 스위치 작동 시엔 감전 등이 있을 수 있으므로 환자로부터 떨어져 있도록 한다.

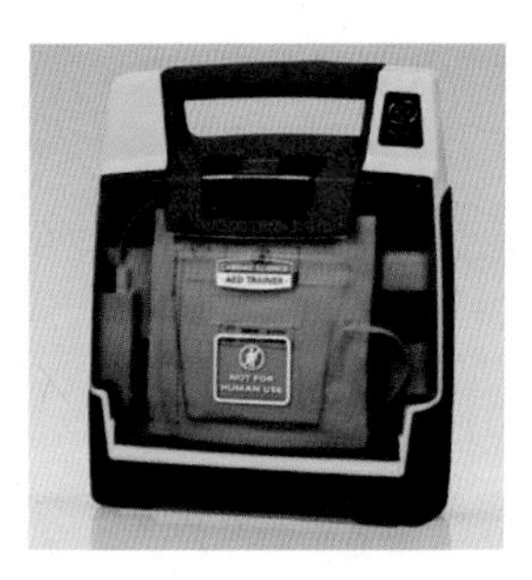

6. Oxygen Bottle

휴대용이며 기내 응급환자 발생 시 환자의 응급처치용으로 사용한다. 호흡이 정상적이지 못한 환자 또는 기내 감압 등에 의해 기내 산소가 부족할 경우에 활용된다.

사용방법

- Tube Fitting을 Outlet에 연결한 후 On-Off 밸브를 반시계 방향으로 돌린다.
- 마스크나 Indicator를 통해 산소공급상태를 확인한 후 마스크를 착용시킨다.

7. On Board Wheel Chair

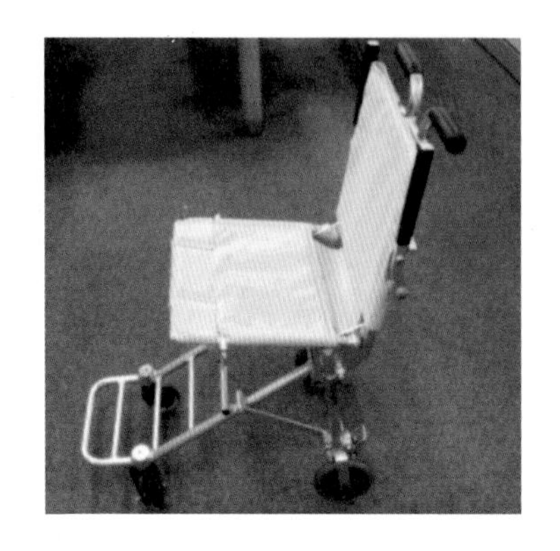

기내의 길고 좁은 통로에서 환자를 태울 수 있도록 부피가 작고 알루미늄이며 접이식으로 제작된 Wheel Chair가 기내에 탑재된다. 장애 승객을 위한 기내에서의 이동수단으로 활용하며 현재는 전 기종의 탑재가 규정화되어 있다.

제8절 객실 보안장비

1. 보안장비

항공기 안전 운항에 위해가 되지 않도록 대비하기 위해 탑재되는 장비 및 시스템을 의미한다. 국가 및 항공사별로 일부의 차이는 있으나 많은 항공사에서는 방폭담요, 방탄조끼, 가스총, 수갑, 포승줄, 타이랩, 전자충격총 및 비상벨 등이 특정한 장소에 보관 및 설치되어 있다.

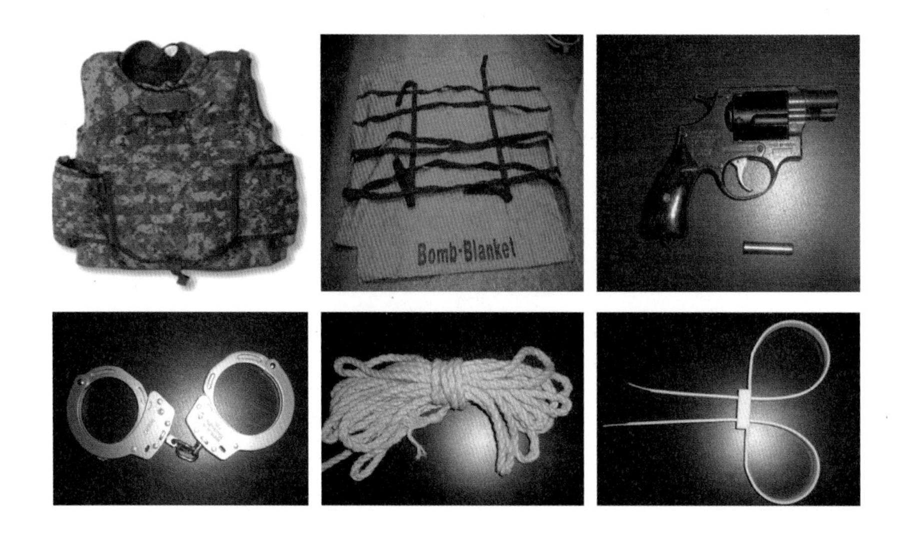

1) 전자충격총

(1) 제원

- 배터리 충전식 및 에어카트리지 교환
- 최대사거리 6.4m, 유효사거리 2m
- 레이저 조준 및 LED 라이트 작동

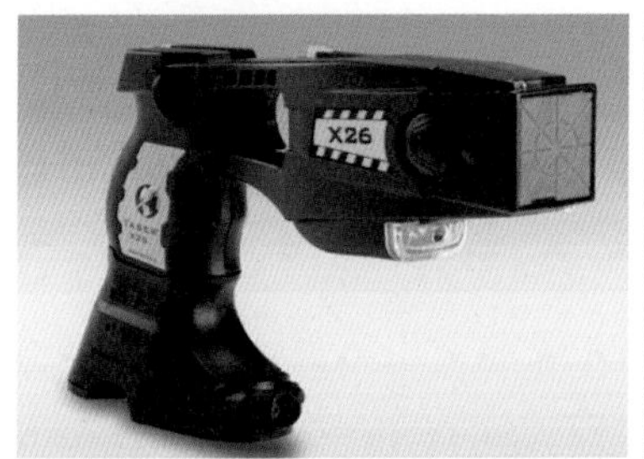

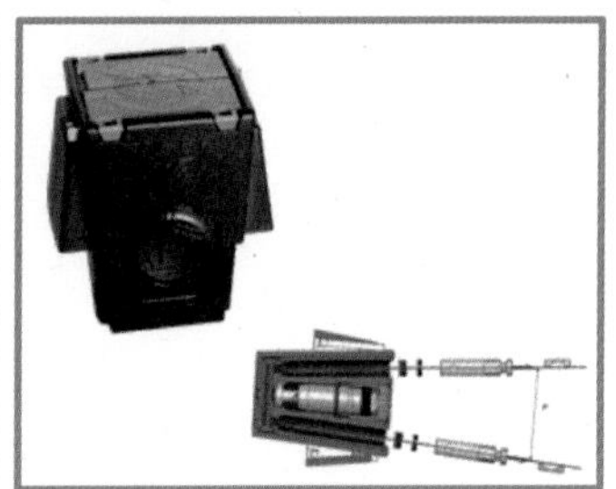

(2) 사격방법

- Lever를 Armed 위치에 놓는다.
- 레이저 빔으로 Target의 중앙부위를 조준한다.
- 사격 대상자에게 사격 전에 경고안내를 실시한다.

경고안내

"이것은 레이저 전자총입니다. 지금 즉시 행동을 멈추지 않으면 발사하겠습니다."

〈경고 안내 이후 난동 혹은 위협행위를 지속할 시〉

- 방아쇠를 당겨 발사한다.
- 범인이 쓰러지지 않거나 여러 명일 경우, Taser를 전자충격총으로 사용한다.
- 적정사거리(2m) 내에 사격범위를 두며 거리가 멀수록 바늘이 명중할 확률이 적다.
- 조준이 흔들리지 않도록 양손으로 사격한다.
- 얼굴은 사격하지 않도록 하며 가슴 이하를 조준한다.
- 불발에 대비하여 여분의 카트리지를 신속히 바꿀 수 있도록 평소 사격이 숙달되어야 한다.

2. 비상벨

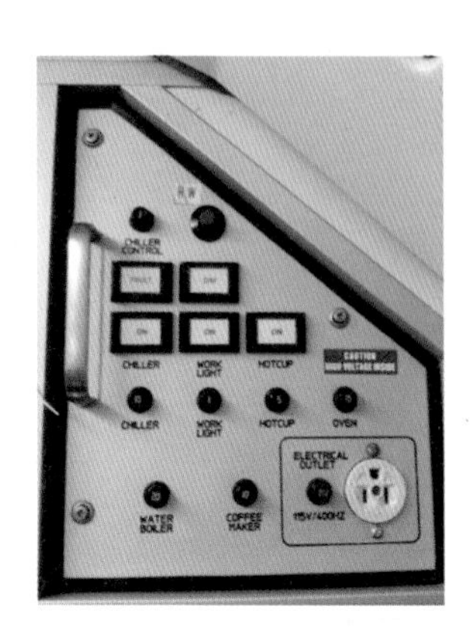

비상벨은 항공기의 불법납치, 테러와 관련된 비상시 조종사에게 연락하기 위한 비상 연락장치이다. 이 장치는 보통 Galley와 승무원 좌석 인근에 고정 설치되어 있고 항공기 출발 전 지상에서 점검되어야 하는 필수시설이다.

3. 조종실 Door

항공기 안전을 위해 조종실은 객실로부터 통제되고 관리되어야 한다. 항공기 Door는 방탄문으로 되어 있고 웬만한 충격에도 견딜 수 있는 구조물로 Door 자체에 보안설비가 갖추어져 있다.

1) 조망경 설치

조종실에서 객실 내부를 볼 수 있도록 되어 있어 객실현황을 알 수 있다.

2) 출입문의 잠금장치

조종실 Door 내 출입 시 비밀번호 입력장치가 있어 출입이 통제되고 있다.

3) 출입자 확인

객실승무원은 조종실 출입 시 사전에 조종실과 인터폰으로 출입 대상 및 사유를 보고하고 기장의 허락을 득한 후 출입이 가능하도록 되어 있다.

부록: 항공기 용어 및 약어해설

항공기 용어 및 약어해설

ABC Survey A(Airway : 기도), B(Breathing : 호흡), C(Circulation : 맥박)
Abdomen 배
Abdominal pain 복통
Able–bodied passenger 협조자
Abortion 유산
ABT About
ABV Above
A/C(Aircraft) 항공기, 기체
Accompaniment 부속물(곁들여 먹는 음식)
Accompany 동반하다
Accumulation 누적
ACK(Acknowledge) 전문 송수신 혹은 메일 송수신 시 송신 측에 인지의사 표현
ACL(Allowable Cabin Load) 객실 허용 적재량
ADC Auto Document Check
Additional charge 부가서비스 비용
ADRS Address
Adult 성인
Advanced seat selection 사전좌석예약
AED(Automatic External Defibrillator) 자동심실제세동기
AFT(After) 후방, 항공기 혹은 객실의 뒤쪽 부분
AGT Agent
AHL Advise if Hold
AHM(Airport Handling Manual) 공항 업무표준 매뉴얼
Aileron 보조익으로 양쪽 날개에 부착되어 항공기의 좌우방향으로 Rolling을 조정하면 항공기를 선회하게 한다.
Air Customs 항공기 승객의 개인휴대품, 화물의 밀수 혹은 금지물품 반입 등의 단속을 위해 공항에 설치된 세관
Air Flow 공기 흐름 및 기류
Air Freight 항공기에 의한 화물수송

Air Show 승객에게 해당구간의 각종 비행정보를 제공
비행속도, 고도, 현재 위치, 목적지까지의 거리, 현지시간, 비행 잔여 시간, 외부온도 등 한국어, 영어, 해당 현지어 등을 화면으로 보여주는 시스템
Air sickness 비행멀미, 항공병
Air Ticketing 항공권 발권
Air Traffic Service 항공 교통업무, 비행 정보업무, 접근 관제업무 등을 포괄하는 용어
Air Ventilation 기내의 공기 순환장치
Aircraft Length 항공기의 Nose부터 Tail까지의 길이
Airport announcement 공항안내방송
Airport Handling Manual 공항경영정보시스템
Airport tax 공항세, 공항이용료
Aisle 기내에서 승무원 및 승객들이 통행할 수 있는 통로, 복도
Alcoholic beverage 알코올성 음료
Alcoholic intoxication 음주에 의한 중독
Alien registration card 외국인 등록증
ALT(Altitude) 해수면으로부터 비행하고 있는 항공기까지의 수직높이
A.M.O(Additional Meal Order) 추가 기내식 주문
AMT Amount
Analgesics 진통제
Anemia 빈혈
Ankle sprain 발목 삠(염좌)
Annex 부속서
Announcement 안내방송
Anti-allergies 항알러지제
Antiseptic swab 살균솜
Aperitif 식전주
APIS(Advanced Passenger Information System) 사전입국심사 시스템
APIS quick query 사전입국심사정보 실시간 전송 시스템
APO(Airport Office) 공항
APP Advanced Passenger Processing
Appetizer 전채요리
Application form 신청서
Approach 항공기가 비행장에 착륙하기 위하여 활주로 상공 50피트 지점까지 접근하는 절차를 말한다.

APRON 주기장, 공항에서 여객의 승강, 화물의 적재 및 정비 등을 하기 위해 항공기가 주기하는 장소
APU(Auxiliary Power Unit) 비행기의 보조동력장치로 지상과 상공에서 모두 작동시킬 수 있으며 주로 비행기 꼬리부분에 장착되어 있다.
Arbitration 중재(분쟁발생 시)
Armed Position 항공기 Door에서 비상탈출장비인 Slide를 팽창위치로 조작해 놓은 상태
Armrest 승객 좌석 팔걸이로 Seat Recline Button, 음악선곡 및 음량 조절장치, 독서 등 그리고 승무원 호출장치 등의 버튼이 장착돼 있다.
ARNK Arrival unknown
ARR(Arrival) 도착
ARS(Audio Response System) 국내 취항하는 항공기의 운항여부 및 좌석현황을 전화로 알아볼 수 있는 자동응답장치
ASAP(As Soon As Possible) 가능한 빨리
Asbestos gloves 석면장갑
Asiana vegetarian meal 동양식 채식
Asphyxia, Chock 질식
Assist Handle Door를 닫거나 열 때 사용하는 추락방지용 손잡이
Assistance 보조
Asthma 천식
ATA(Actual Time of Arrival) 실제 항공기 도착시간
ATB(Automated Ticket & Boarding pass) 자동티켓 보딩패스
ATC(Air Traffic Control) 지상에서 항공기의 교통을 관제하는 행위
ATD(Actual Time of Departure) 실제 항공기 출발시간
ATT Attention
Auth(Authorization) 권한, 인가
Authority 승인
AVAL Available
AVSEC(Aviation security) 항공보안 또는 IATA 주관 정기 보안 포럼 명칭
AWB(Air Way Bill) 항공사 간에 화물 운송 계약 체결을 증명하는 서류
Baby Bassinet 기내에서 유아가 누울 수 있는 작은 침대를 의미하며 주로 객실 내부 각 구역 앞 벽면에 설치하여 사용한다. 요람
Baby meal 2세 미만 유아식
Bag 가방

BAG(Baggage) 수하물(항공사와의 계약에 의해 항공기에 탑재되는 승객 및 승무원의 물품)
Bailing Bucket Life Raft 안에 들어온 바닷물을 퍼내기 위한 장비
BAL(Balance) 균형
Bandage strips, adhesive 붕대
Bandage, sterile, compress 압박붕대
Bar coded boarding pass 2차원 바코드 탑승권
Basic Tray 기본 식사 트레이
BEC Because
Beverage 음료
Bland meal 연식
Bleeding 출혈
Blind passenger 시각 장애인
Block Time 항공기가 자력으로 움직이기 시작(Push Back)해서부터 다음 목적지까지 착륙하여 정지(엔진을 완전히 끌 때)할 때까지의 시간
Blood disorders 혈액질환
Blood pressure 혈압
BLW Below
Boarding Bridge 공항 청사시설에서 항공기를 탑승하기 위하여 연결해 놓은 교량역할의 탑승설비를 말한다.
Boarding Pass 탑승권, 탑승수속 시 항공권과 교환하여 주는 탑승권으로 비행기 편명, 승객이름, 좌석번호, 목적지, 도착시간, 탑승시간, 탑승구 등이 기재되어 있다.
Boarding Time 항공기에 탑승을 시작하는 시간
Bomb protective shield 방폭 담요
Bond 외국에서 수입한 모든 화물은 관세를 부과하는 것이 원칙이나 그 관세의 징수를 일시 유보하는 비통관 상태를 의미한다.
Boned Area 보세구역, 보세 화물을 저장할 수 있는 구역
Booking Class 예약 시 좌석 등급(일등석, 이등석, 일반석)을 의미한다.
BPS Bomb Protective Shield
Bracing positions 충격방지자세
Briefing card 브리핑 카드
BSCT(Bassinet) 유아침대
Bulk Loading 화물을 ULD를 사용하지 않고 BOX 상태로 탑재하며 보통 객실 내에 탑재하는 방식이다.

Bulletproof vest 방탄 재킷
Bunk 장거리 비행 시 승무원이 교대로 쉴 수 있는 공간으로 침대 등이 놓여 있다.
Burn 화상
Business Class 이등석, 좌석 등급
Business lounge 비즈니스 라운지
Cabin 항공기 내 객실을 의미하며 승객이 탑승한 공간
Cabin briefing 객실브리핑
Cabin crew 객실승무원
Cabin crew responsibility and liability 객실승무원의 책임과 의무
Cabin illness 기내 질병
Cabin light 객실등
Cabin manager 선임 객실승무원
Cabin preparation 객실준비
Cabin reserved seat baggage 객실 예약좌석 수하물
Cabin safety report 캐빈안전보고서
Cancer 암
Canopy 비상착수용 Raft의 천장을 덮는 덮개
Canopy Pole Slide Raft 덮개를 위한 지지내
Captain announcement 기장방송
Cargo Flight 화물을 운송하는 항공기
Carry on baggage 휴대수하물
Cart 객실에서 서비스 용품이 담긴 운반용 장비
Cart holder 카트 홀더
C.A.S.A(Civil Aviation Safety Authority) 항공안전본부
Casserole 캐서롤
Catering 공중 급식, 기내식, 항공기의 기내식을 생산하는 공장
Catering Agreement 기내식 계약
CBBG(Cabin Baggage) 기내 짐
C/C(Credit Card) 신용카드
Ceiling Light 기내 객실을 밝히는 천장 위 조명
CFG Configuration
CFM Confirm
CG Center of Gravity
CGO(Cargo) 수하물

Charter Flight 비정기적으로 운항하는 항공기 편수를 말한다.
CHD Child
Checked baggage 위탁수하물
Check-in 수속, 좌석배정
Chest surgery 흉부수술
CHG(Change) 변경, 변화
Child 소아
Child meal 어린이식
Child restraint devices 유아용 안전의자
Chilling 차갑게 함
CHK Check
Choking 기도 폐쇄
CIQ(Customs, Immigration, Quarantine) 세관, 출입국, 검역으로 출입국 심사 절차를 말한다.
Circuit Breaker Coffee Maker나 오븐 등 Galley 내 전원을 공급하는 중간 연결장치(가정집 내 두꺼비집 기능)
Citron tea 유자차
Civil Aviation Safety Authority 항공안전본부(한국)
Civil Aviation Safety Inspector 항공안전감독관
Civil Security Inspector 항공보안감독관
Claim 손해배상청구
Clamp Slide Raft의 손상된 부분을 물이 들어오지 않도록 수리하는 데 사용하는 기구
Class 항공기 기내 좌석 등급(F/C, B/C, E/Y)
Climb 항공기가 엔진출력을 높여 고도를 높이는 비행조작
Climbing 상승 중
CNFM 확약
CNXL Cancellation. 항공기가 목적지의 기상악화, 기체 결함 등으로 사전계획된 항공기 운항편이 취소되는 것
Coat Room 승객의 외투나 짐 그리고 기타 기내용품 등을 보관할 수 있는 기내 옷장
Cockpit 조종실
Codeshare 항공사 간 특정구간의 좌석을 일정부분 공동으로 사용하도록 상호 약정된 협약
Coffee Maker 커피를 만드는 장비로 모든 Galley 내에 설치되어 있다.
Coffee pot 커피 담는 주전자

Cold Kitchen 냉주방
Common baggage service facility 공용 수하물 시설
Company 일행
Company's philosophy 기업철학
Compartment 객실 내 음료수나 모든 기내용품을 보관하는 장소
Compensation 배상
Compressed gases 고압가스 용기
Control Air Terminal 도심공항터미널
Control Tower 관제탑
Cough 기침
CPM Container Pallet Distribution Message
CPR(Cardiac Pulmonary Resuscitation) 심폐소생법
Crash ax 손도끼
Crew 승무원
Critical phases of flight 비행중요단계
CRS(Computer Reservation System) 항공사가 사용하는 예약 전산시스템으로 단순 예약 관리뿐만 아니라 각종 여행정보를 승객에게 제공할 수 있는 시스템
Cruising 순항비행 중
CTC(Contact) 접촉
CTL(Control) 통제
CUS Customs
CUSS(Common Use Self Service) 공용체크인시스템
Customs clearance 세관신고
CUTE Common Use Terminal Equipment
Cutlery 기내 식사를 위해 승객에게 제공되는 포크, 나이프, 수저 등
Dangerous factors 위험요소
Dangerous goods 위험물
Date of expiry 유효기간
DBC(Denied Boarding Compensation) 해당 항공편의 초과예약이나 항공사 귀책사유로 탑승 거절된 승객에 대한 배상제도
DCS Departure Control System
Deaf passenger 청각장애자
Decompression sickness 감압 후유증
Deduction 공제
Dehydrated sponge 탈지면

De-icing	항공기 동체의 서리, 얼음, 눈 등을 제거하는 것
Delay	지연
Delivery	분만
DEP(Depart)	출발
DEPO(Deposit, deportee)	강제 추방자
Descent	항공기가 착륙 등을 위해 고도를 낮추는 조작
Destination	목적지
DGR(Dangerous Goods Regulations)	위험물 취급 규정
Diabetes	당뇨병
Diabetic coma	당뇨성 혼수
Diabetic meal	당뇨식
Diarrhea	설사
Disarmed Position	Door Open을 해도 Slide가 팽창되지 않는 상태, 혹은 정상위치라고도 한다.
Disbursement fee	대납 수수료
DISC(Discount)	할인
Dish Washing	식기세척
Dispatcher	운항관리사
Distilled water	증류수
Ditching	비상착수
DIV(Divert)	항공기가 목적지의 기상불량 및 기체결함 등의 사유로 회항 혹은 타공항에 착륙하는 것
Dizziness	어지러움
DLV(Deliver)	배달, 전달
DLY(Delay)	지연
DM(Diabetes Mellitus)	당뇨병
DMG(Damage)	손상, 손실
DOC(Documents)	서류
Domestic	국내선
Door	승객의 탑승 및 하기 시의 출입구
Door Handle	Door를 여닫기 위한 개폐 손잡이
Drain	객실 내 사용된 물을 항공기 외부로 배출시키는 배수구
Drawer	서랍(Drawer)
Drug	항공기구조에 작용하는 4가지 힘 중 하나(Thrust, Weight, Drug, Lift)
Dry ice	드라이아이스

DUPE(Duplicate) 중복
Duration 계약기간
Duty Code 기내 서비스 업무 코드
Dye marker 염료
EA Each
Ear distress 귀의 고통
Ear pain 귀의 통증
Ear plug 귀마개
East wing 동편
Economic class syndrome 일반석 증후군
EDS(Explosives Detection System) 폭발물 탐지장비
Electronic system for travel authorization 사전여행허가 전자시스템
Elevator 항공기 기수를 상·하로 움직이게 하는 장치
Eligibility period 정기훈련 적격기간
ELS Emergency Light Switch
ELT(Emergency Located Transmitter) 항공기가 비상착륙이나 착수 시 탈출한 승객들의 위치를 자동 송신하는 구조 요청장치
Embargo 항공회사가 특정 구간 혹은 기간 중에 있어 특정 여객 및 화물에 대해 운송을 제한 또는 거절하는 행위
Emergency amendment 미 TSA가 발령하는 긴급보안조치
Emergency equipment stowage 비상장비 보관장소
Emergency evacuation 비상탈출
Emergency exit 비상구
Emergency Landing 비상착륙
Emergency Medical Kit 비상의료장비
Emergency path light 비상통로등
Engine 비행기가 양력을 얻기 위해 추진력을 발생시키는 장치
Entrée 주요리
Entry 입국
Envelope set 편지지 & 편지봉투
Equipment 식기
Escape slide 비상탈출 슬라이드
ETA(Estimated Time of Arrival) 항공기 도착 예정시간
ETD(Estimated Time of Departure) 항공기 출발 예정시간
Excess baggage 초과수하물

Exit 비상구
Exit row seat 비상구열 좌석
Explosives trace detection 폭발물 흔적 탐지 장비
EXST Extra Seat
Extra Flight 현재 취항 중인 노선에 정기편 외 추가 증편된 항공편
Eye disorders 안과질환
Eye mask 눈가리개
Fainting or syncope 기절
FAK(First Aid Kit) 구급처치용 의약품
FAR(Federal Aviation Regulation) 미국 연방항공규정
Fare 운임
FBA(Free Baggage Allowance) 무료수하물 허용량
Ferry Flight 유상 비행이 아닌 항공기 도입 시, 정비 시, 전세운항 등의 비행을 말한다.
Fever 열
FHR Flight Handling Report
Fire fighting suit 방화복
First aid 응급처치
First aid kit 응급처치장비
First Class 일등석
Flammable items 발화성 물질
Flap 주날개 뒤쪽에 장착되어 있으며 항공기의 속도를 감소시키기 위해 설치된 장치
Flashlight with batteries 휴대등
Flexible Meal Time 요청시간대 서비스
Flight crew 운항승무원
Flight crew manifest 해당 항공편 탑승승무원 명단
Flight operation 운항
Floor of the cabin 객실 바닥부분
FLT Flight
FM From
F.M.O(Final Meal Order) 최종 기내식 주문
FOC Free of charge
FOC(Free of Charge) 무료로 제공받는 티켓으로 Sublo와 Nosublo로 구분된다.
Food Allergy 식품 이상반응

Food Poisoning	식중독
Foreign Object	이물질
Fracture & dislocation	골절 및 탈구
FRAV	First Available
FRE(Freight)	기체
Free of charge	무료
FREQ(Frequency)	빈도
Fueling	급유
Full cart	풀카트
Full tray	풀 트레이
Fuselage	항공기의 몸통부분
FWD Forward	항공기 전방
Galley	항공기 주방
Gas spray gun	가스분사기
G/D(General Declaration)	항공기가 출항허가를 받기 위해 관계기관에 제출하는 서류
GEN	General
G/H(Ground Handling)	항공화물 수하물 탑재 또는 하역작업, 기내청소 등의 지상조업업무
Girt Bar Escape	Device를 항공기에 고정시키거나 분리하는 데 사용하는 금속막대
GIT bleeding	위장관 출혈
Giveaway	기내에서 승객에게 제공하는 탑승기념품
GLR	Gust Lock Release
Gluten-free meal	글루틴 제한식
GLY Galley	비행 중 승객에게 제공할 기내식과 음료를 저장 및 준비하는 곳으로 Oven, Coffee, Maker, Water, Boiler 등의 시설을 갖추고 있다.
Go Show	예약하지 않고 공항에 나와 순서를 기다려 탑승하려는 행위
Go through	경유하다
GOSH	Go show
GPU(Ground Power Unit)	항공기의 주엔진과 APU를 사용하지 않을 때 항공기에 필요한 전기동력을 공급하는 지상전원 공급장비이다.
Ground Spoiler	착륙 시 수직으로 들어 올려 공기저항을 유발하고 또한 양력을 감소시키는 장치
Ground Time	항공기가 Ramp-in해서 Ramp Out하기 전까지의 지상 체류시간
GRP(Group)	단체
GSA	General Sales Agent
Guardian	보호자

GV Give
Haemostatic bandage or tourniquet 지혈대, 압박붕대
Half cart 하프카트
Halon extinguisher Halon 소화기
Hand Carried Baggage 기내 반입 휴대 수하물
Handcuff 수갑
Handling Charge 취급비용
Hangar 항공기의 점검 및 정비를 위한 장소, 보통 격납고라 한다.
Headache 두통
Headset 승무원 간 통화 또는 안내방송을 위해 사용하는 통신장비
Heart attack, myocardiac infarction 심장마비(심근경색)
Heaving Line 구명정에 탑재되는 물에 빠진 사람을 구조하는 데 사용
Height 높이
HEV(Heavy) 무거운
HI High
High fiber meal 고섬유식
Hindu meal 힌두식
Horizontal Stabilizers 항공기의 균형, 상승, 하강 및 좌우 방향 전환 시 사용되는 꼬리 날개부분
Hot Kitchen 온주방
H_2O extinguisher H_2O 소화기
HW Hijack Warning bell
Hygiene Inspection(audit) 위생검사
Hyperglycemia 고혈당
Hypertension(high blood pressure) 고혈압
Hyperventilation 과호흡
Hypoglycemia 저혈당
Hypotension, Low blood pressure 저혈압
Hypoxia 저산소증
IATA Ground Handling Council IATA 지성조업 담당자 회의
IATA(International Air Transportation Association) 국제항공수송협회(각국의 민간항공회사 단체가 모여 1945년에 결성)
ICAO International Civil Aviation Organization 국제민간항공기구(세계항공업계의 정책과 질서를 총괄하는 UN 산하 전문기구)
Immigration office 출입국사무소

Immigration regulation 출입국규정
Improvised explosive device 사제 폭발물
Inadmissible passenger and deportee 입국거부자 및 강제 퇴거자
Inbound Flight 임의의 도시 또는 공항을 기점으로 입항하는 항공편
INCL Include
Indemnity 면책, 서약서
Indian vegetarian meal 인도식 채식
INDV Individual(개인)
Infant 유아
Infection precautions 감염예방
Infectious disease 전염병
In-flight security personnel 기내보안요원
INFO(Inform) 알리다
Initial training 초기훈련
Instant noodles 즉석면
Insulin reaction or insulin shock 인슐린 쇼크
Inter Airline through check-In 항공시간 연결 수속
Interphone 인터폰
INTL(International) 국제적인
Intoxication 중독
INV(Invoice) 운송장
IRR(Irregular) 불규칙적인
Itinerary 여행일정
Joint briefing 합동브리핑
Jump seat 항공기내 승무원 좌석
Kiosk 무인발권/탑승수속
Knife 칼
Kosher meal 유대교식
KSMS(Known Shipper Management System) 상용화주 관리시스템
Labor pain 분만진통
Lacto-ovo vegetarian meal 유제품을 곁들인 채식
Landing 항공기가 활주로에 착륙하는 조작 혹은 상태
Landing Gear 항공기의 이착륙에 필요한 바퀴
Laundry 세탁
Lavatory 화장실

L/B Load Behind
LCL(Local) 외부의
LCM Load message
Length 세로
LEO(Law Enforcement Officer) 무장기내요원
Lever Door의 Open상태를 해제시키는 장치
L/F(Load Factor) 공급좌석에 대한 실제 탑승객의 비율(탑승객 ÷ 전체 공급좌석 × 100)
Liability limit 책임범위
Life Raft 비상착수 시 항공기에서 탈출 후 구명보트 역할을 하는 부양장비
Life Vest 구명복
Light stick 야광 막대기
Liqueur 리큐어(향료, 감미료가 든 독한 혼성주)
Liquids, aerosols, gels 액체성 물품
LL Lost and lound
Loading 탑재
Locking of the cockpit 조종실 잠금
Lost 분실
Lounge 라운지
Low back Pain 요통
Low calorie meal 저열량식
Low fat meal 저지방식
Low protein meal 저단백식
Low sodium meal 저염식
LTR Letter
MAAS Meet and Assist
Magazine 잡지
Magazine rack 잡지 보관장소
Main agreement 본 계약서
Main Wing 동체 가운데 위치하는 주날개
Maintenance 정비
Manual Inflation Handle Slide를 수동으로 팽창하기 위한 Handle
Massage machine 안마기
Master crew list 항공사 전체 승무원 명단
MAX Maximum
Maximum take-off weight 최대이륙중량

MCT(Minimum Connection Time)	항공기 연결편수의 탑승 소요시간
Meal Order	기내식 주문
MED	Medical
Medical certificate	진단소견서
Megaphone	메가폰
MEL(Minimum Equipment List)	최소장비 리스트
Memo pad	메모지
Message	전눈
MFST(Manifest)	명세서
MGR(Manager)	매니저, 팀장
Middle ear surgery	중이 수술
Mileage	마일리지
Military declaration	병무신고
Milk powder	분유
Miscellaneous Charge	기타 비용
Modification	계약 갱신
MOML	Muslim Meal
Montreal Convention	몬트리올협약
Moslem meal	회교도식
MSG(Message)	메시지
Name tag	이름표
Napkin	냅킨
Narrow Body Aircraft	기내 통로(Aisle)가 하나인 항공기. 주로 소형기가 해당
Nasal bleeding	비출혈(코피)
Nationality	국적
NBR(Number)	숫자
NEC(Necessary)	필요한
Newspaper	신문
Nil	None의 약어. 없음
NML	Normal
NN	Need
No lactose meal	유당제한식
No Sublo	무상 또는 할인요금을 지불한 승객이지만 일반 유상승객과 같이 좌석 예약이 확보되는 것
Non-routine charge	비통상조업료

Nosebleed 코피
NOSH No Show
NOSUB No Subject to load
Notice of proposed rule making 입법예고안
NRC No Record
NSST(No Smoking Seat) 금연좌석
NTL National
Nuts 견과류
OBD On Board(탑승)
OFC Office
Off-Loading(Unloading) 하기
OFLD Offload
On time 정시
On-board wheelchair 기내용 휠체어
One pair of sterile surgical gloves 외과용 소독장갑 한 쌍
Open Ticket 출국 및 입국 날짜가 명시되어 있지 않은 항공권
OSI Other Service Information
Oven 지상에서 탑재된 Meal 빵 등의 기내식과 Towel, Dish 등을 Heating하는 장비. 오븐
Over Booking 비행편에 판매가능 좌석 수보다 예약자가 더 많은 상태
Overhead Bin 승객 좌석의 머리 위쪽에 부착되어 있는 선반
Oversized baggage 대형 수하물
Overwing Window Exit 주 날개 위 동체에 갖추어져 있으며 승객을 긴급 대피시킬 수 있는 탈출구
OW(One-way) 편도
Oxygen for medical use 의료용 산소
Oxygen Mask 기내감압현상이 발생될 때 머리 위 선반에서 자동으로 내려오며 산소를 공급받을 수 있는 마스크
Pain 통증
Passenger 여객
Passenger Aircraft 화물기와 달리 승객 위주 탑승하는 항공기
Passenger briefing demonstration kit 승객브리핑 시연장비
Passenger handling 여객조업
Passengers in custody 범인 호송
Passengers who are emotionally disturbed 예민하고 불안정한 상태의 승객

Passport 여권
PAX(Passenger) 승객, 손님
Payload 유상탑재량
P.B.E.(Protective Breathing Equipment) 호흡보호장비
Penetration eye injury 안구 관통상
Personnel related to aviation safety(flight crew, cabin crew, flight instructor, flight mechanic etc.) 항공안전관련 중요 임무 종사자
Pet 애완동물
Philosophy of the C.E.O 최고경영자 철학
Philosophy of the flight operation 운항철학
P.I.C.(Pilot-In Command) 기장
Pitching 상하운동이라 말하며 꼬리날개 Elevator작용에 의해 항공기의 Head가 위아래로 움직이는 동작
Playing card 서양 카드
PLS Please
PLT Pallet
P.M.O.(Preliminary Meal Order) 사전 기내식 주문
PNL Passenger Name List
PNR(Passenger Name Record) 예약의 기록. 승객의 이름 및 여정별 모든 예약상태, 즉 전화번호, 예약상황 및 서비스 사항에 관한 기록
Pocket mask 포켓 마스크
Policy of the company 회사정책
Portable electronic devices 휴대용 전자기기
Portable O_2 bottle 휴대용 산소
Post card 엽서
P/P Passport
Pre-Flight Check 객실승무원이 승객 탑승 전 비상장비 서비스 기물 및 물품점검, 객실 항공기 상태 등을 확인 준비하는 절차
Pregnant passenger 임산부
Pre-landing SVC 착륙 전 음료 서비스
Pre-meal SVC 식사 전 음료 서비스
Pre-plated type 완성된 상태로 용기에 담겨 탑재된 유형
Presentation 전시(기내식)
Priority order of Cabin 객실업무 우선순위
Priority order of flight operation 운항 우선순위

PSU(Passenger Service Unit) 승객이 좌석에 앉아서 이용할 수 있는 편의시설이 부착된 서비스 장치
PTA(Prepaid Ticket Advice) 선지불 티켓 안내
Pulse 맥박
Push Back 주기된 항공기가 출발하기 위해 후진하는 행위
Qualifications of Cabin crew 객실승무원의 탑승근무자격
Quality Audit 품질점검
Quarantine 검역
Raft management guide 구명보트 안내서
Raft repair clamp 구명보트 수리 클램프
Ramp 항공기 계류장
Ramp handling 램프조업
Ramp Out 항공기가 공항의 계류장에 체재되어 있는 상태에서 출항하기 위해 바퀴가 움직이기 시작하는 상태
RCFM Reconfirm
RCV Receive
Reading Light 비행 중 승객이 좌석에 앉아서 독서할 수 있는 독서등
Receipt 영수증
Reconfirmation 예약 재확인
Recurrent training 정기훈련
Re-entry permit 재입국허가
Refrigerator (기내) 냉장고
Refund 사용하지 않는 항공권에 대한 운임 환불
Regulation 규정
Rejected take-off 이륙 중단
Remote spot 원격 주기장
Repair 수선
Requalification training 재임용훈련
Rescue breathing 구조 호흡
Respiration 호흡
Respiratory difficulty, dyspnea 호흡곤란
Respiratory disorders 호흡기계 질환
Rest bunk 승무원 휴식공간
Restricted items in the cabin 기내반입 금지품목
Return to country 귀국

REV(Revenue)	수입
RFID(Radio Frequency Identification)	라디오 전파 확인
R/I(Restricted Item)	승객의 휴대수하물 중 기내 반입이 불가한 물건
Rice wine(clear)	약주
Rice wine(cloudy)	탁주
RMRK	Remark
Rolling	Aileron의 작용으로 항공기의 좌우 주날개가 상하로 움직이는 조작
Round trip	왕복
RPA	Restricted Passenger Advice
RPRT(Report)	보고서
RPT(Repeat)	반복적인
RSVN(Reservation)	예약
Rudder	수직 안정판의 뒤쪽에 장착되어 있으며 좌우로 작동하여 기체의 좌우 선회를 돕는 장치
Safety	안전
Safety standards	안전기준
Safety Strap	항공기 문에 달린 안전사고 방지용 줄
Salt roasted in bamboo	죽염
Scissors	가위
Scotch tape	스카치테이프
Sea Anchor	Raft가 파도나 풍랑으로부터 전복되지 않고 안정을 유지하는 닻
Sea Dye Marker	해양염색제로 사용 시 주위 물이 녹색으로 변해 멀리서도 발견하기 용이함
Seat	좌석
Seat Configuration	기종별 항공기에 장착된 좌석의 배열
Seat Pocket	앞좌석 등받이 밑에 위치하며 Safety Instruction Card, 기내잡지, 기타 인쇄물 등을 꽂는 주머니
Seat Restraint Bar	좌석의 발 앞에 설치되어 있고 좌석 밑에 놓인 휴대수하물을 고정시키기 위한 장치
Security	보안
Security check	보안검색
Security management system	보안관리 시스템
Security sensitive information	비밀보안문서
Security tamper-evident bag	보안훼손 탐지가능 봉투
Security threat	보안위협평가 or 신원조사

Sedatives	안정제
Seeing eye dog	맹인견
Segment	항공운항 시 승객 여정
Service item	서비스용품
Service quality	서비스품질
Service scope	조업범위
Service textbook	서비스교재
Service training	서비스교육
Settlement	정산
Shock	충격
Shoulder Harness	이착륙 시 승무원 좌석에 착석하여 매는 어깨끈
SHR(Special Handling Request)	특별히 주의를 요하는 승객
Signal device	불꽃조난신호장비
Signal Equipment	신호용 장비로 연기불꽃 신호기, 해양염색제, 신호거울, 호각 등
Signal Mirror	금속으로 만든 4"×6" 정도의 조그마한 거울로 구조신호용 장비
Signaling mirror	신호거울
Signature	서명
Simplified procedure	약식 표준계약서
Simulator	조종훈련에 사용하는 항공기 모의 비행장치
SKD(Schedule)	스케줄
SLA(Service Level Agreement)	서비스 표준계약서
Sleeping room	수면실
Small intestine	소장
Smoke Detector	기내 모든 화장실 내에 설치되어 있으며 기내화재 방지를 위한 연기 감지용 장치
Smoke Flare	조난 시 사용하는 연기불꽃 신호기
Soft Drink	탄산음료의 총칭
Sommelier	소믈리에(와인감별사, 와인전문가)
Sore throat	목이 아픔
Soy sauce	간장
SPCL(Special)	특별한
Spoiler	착륙 시 스포일러를 수직으로 세워 공기의 저항으로 속도를 줄이며 날개의 양력을 제거하는 제어장치
SRY	Sorry
SSR	Special service request

STA(Scheduled Time of Arrival) 이미 공개된 Time Table상의 항공기 도착 예정시간
Standard average passenger weight 승객표준중량
STD(Scheduled Time of Departure) 공시된 Time Table상의 항공기 출발 예정시간
Steroids 스테로이드제(항생제)
STN Station
Stowage 보관
Stretcher 의료용 침대
Stretcher patient 스트레처 환자
STVR(Stopover) 중간기착지
Sublo 예약과 상관없이 공석이 있는 경우에만 탑승할 수 있는 무임 또는 할인정책. 항공사 직원에 해당
Sundries 잡화물품
Supper 늦은 저녁식사
Survival kit 생존장비
Suspected damage or leakage 의심스러운 손상 혹은 누출
SVC animals 장애인 보조견
SVC(Service) 서비스
Table Setting 손님 테이블에 식기 차림
Tablets water purification 정수제
Tail Wing 항공기 꼬리날개
Take Off 항공기의 이륙
Taxing 항공기가 이륙 내지 착륙 후 주기장으로 이동하는 것
Terminal 청사
Termination 계약 종료(해지)
Textbook 교재
The elderly 노약자
The handling company 조업사
Thermometer 온도계
THRU Through
THRU CHK-IN 목적지까지 일괄수속
Tie wrap 타이 랩
TIM(Travel Information Manual) 항공 여행과 관련된 국가별 규정, 절차, 규제사항을 수록해 발행되는 항공 여행정보책자
Tinfoil 틴 호일
TKS(Thanks) 감사의 약어

TKT　Ticket
Toddler meal　24~36개월 유아식
Toothache　치통
Transfer　여정상의 중간지점에서 다른 항공사의 비행편으로 변경 탑승
Transition or aircraft type training　기종훈련
Trash bin　쓰레기함
Trash Compactor　기내에서 발생되는 쓰레기를 압축 보관하는 기내설비
Trauma　외상
Traveler's insurance　여행자보험
Tray Table　기내식을 취식하기 위해 사용하는 개인용 Table
Trust　항공기 구조에 4가지 힘이 작용(Lift, Trust, Drag, Weight)
Trust Reverser　엔진의 출력을 역추진시켜 감속효과를 증대시키는 장치
TRVL　Travel
T/S(Transit)　승객이 중간기착지에서 항공기를 바꿔 타는 것
TSA(Transportation Security Administration)　미 교통보안청
T.U.C.(Time of Useful Consciousness)　유효 의식 시간
Turbulence　터뷸런스
TWOV(Transit Without Visa)　승객이 제3국으로 여행하기 위하여 항공기를 바꿔 탈 목적으로 일정 조건하에 비자 없이 입국하는 것
항공기를 갈아타기 위해 짧은 시간 체재하는 경우에는 비자를 요구하지 않는 경우를 의미
Tying rope　포승줄
UCM　ULD Control Message
U/G(Up Grade)　상위클래스로의 등급변화를 의미
ULD(Unit Load Device)　화물을 항공기에 탑재하는 데 이용되는 규격화된 용기
UM(Unaccompanied Minor)　보호자가 동반하지 않는 어린이
Unconsciousness　의식불명
UNICEF pouch　유니세프 봉투
Universal Security Audit Program　ICAO 추관 보안점검 프로그램
Upgrade　승급
Upper part of seats　좌석 상단
Urine　소변
U.S. Customs and Border Protection　미 세관
US route　미주
Vegan　엄격한 채식주의자

Vegetarian meal	채식
Vertical Stabilizers	수직 안정판
View port	감시경
Viewing Window	항공기 Door에서 외부상황을 볼 수 있는 작은 창
Vintage	빈티지(와인의 포도 수확연도)
Vinyl bag	비닐백
VIP(Very Important Person)	매우 중요한 손님을 지칭
Visa	비자
VWA(Visa Waiver Agreement)	양국 간의 관광 상용 등 단기목적으로 여행 시 협정체결 국가에 비자 없이 입국이 가능하도록 한 협정
Walk around	기내 서비스 순회
W/B	Weight & Balance
WCHR(Wheel Chair Passenger)	기내 환자를 수송하기 위한 바퀴 달린 의자
Weapons/explosives	무기 및 폭발물류
WEG	Waiver of Exclusion Ground
Weight	항공기 자체 무게 및 지구 중심을 아래로 작용하는 힘. 무게
Weight & Balance	탑재관리
Welcome Drink	기내 탑승을 환영하는 음료
Welcome Greeting	환영인사
Western wing	서편
Wet Ice	얼음
Wheelchair	휠체어
Whistle	호루라기
Wide Body Aircraft	통로가 2개인 폭이 넓은 항공기
Width	가로
Wine Label	와인 라벨
Wing	항공기를 공중에 뜨게 하는 힘이 발생시키는 항공기내 주요 구조
Winglet	항공기 날개 양쪽 끝, 저항을 줄여주는 역할
Wired jaw	하악의 금속식 고정

참 고 문 헌

이병선, 항공기구조 및 비행안전, 백산출판사, 2010.
심종수 외, 항공기 객실구조 및 안전장비, 기문사, 2006.
정상천 외, 기내구조 및 비행안전, 기문사, 2004.
제주항공 객실승무원 업무교범.
대한항공 신입승무원 교육교재.
아시아나항공 신입승무원 교육교재.
박혜정, 비행안전실무, 백산출판사, 2009.
윤선정 외, 항공객실업무, 새로미, 2009.

저자약력 최현식

중앙대학교 식품공학과 졸업
중앙대학교 일반대학원 미생물발효공학 석사
한국항공대학교 항공경영학 박사과정 수료
ROTC 24기 중위 제대
미국 조종사 면장(Private, commercial, instrument, multi engine) 보유(420hrs 비행)
前 아시아나항공 객실승무원 사무장
아시아나항공 객실훈련원 서비스 및 안전교관
아시아나항공 객실승무원 채용면접관
아시아나항공 승무원 체험교실 운영
항공서비스포럼 창립 실무위원
Gate Gourmet Korea 케이터링 P&P 팀장

〈저서〉
항공기 식음료론

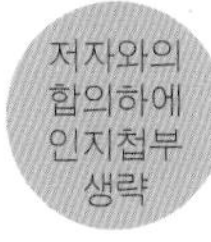

항공기 구조 및 객실 안전 이해

2012년 7월 15일 초 판 1쇄 발행
2018년 11월 1일 개정판 1쇄 발행

지은이 최현식
펴낸이 진욱상
펴낸곳 백산출판사
교 정 편집부
본문디자인 오행복
표지디자인 오정은

등 록 1974년 1월 9일 제406-1974-000001호
주 소 경기도 파주시 회동길 370(백산빌딩 3층)
전 화 02-914-1621(代)
팩 스 031-955-9911
이메일 edit@ibaeksan.kr
홈페이지 www.ibaeksan.kr

ISBN 979-11-5763-983-0 93980
값 23,000원